Ministère du Commerce de l'Industrie et du Travail

EXPOSITION

Universelle et Internationale

DE

LIÈGE

1905

SECTION FRANÇAISE

CLASSE 61

RAPPORTS

par

MM. E. COINTREAU & A. MANDEIX

PARIS

COMITÉ FRANÇAIS DES EXPOSITIONS A L'ÉTRANGER

Bourse du Commerce, rue du Louvre

1906

G. PARÉ, Imprimeur, Angers.

Exposition Internationale de Liège, 1905

Groupe X. — Classe 61. — Liqueurs

EXPOSITION INTERNATIONALE

DE

LIÈGE

1905

SECTION FRANÇAISE

Groupe X — Classe 61 — LIQUEURS

RAPPORT SPÉCIAL

à Monsieur le Ministre du Commerce, de l'Industrie et du Travail

Publié sous la haute Direction

de Monsieur CHAPSAL, Officier de la Légion d'honneur

Commissaire général du Gouvernement Français

SUR LA SITUATION

de l'Industrie des Liqueurs Françaises

EN FRANCE & A L'ÉTRANGER

ET LES

MOYENS DE DÉVELOPPER LE COMMERCE D'EXPORTATION

Par E. COINTREAU, Chevalier de la Légion d'honneur

Distillateur-Liquoriste
Ancien Premier Juge au Tribunal de Commerce d'Angers
Conseiller du Commerce extérieur de la France
Vice-Président des Comités d'Admission et d'Installation
Membre du Jury

RAPPORT STATISTIQUE

Par M. A. MANDEIX, Chevalier de la Légion d'honneur

Négociant au Havre
Président du Syndicat national des Vins et Spiritueux en gros de France
Membre des Comités d'Admission et d'Installation
Membre du Jury

Exposition de Liège. — Salle des Fêtes

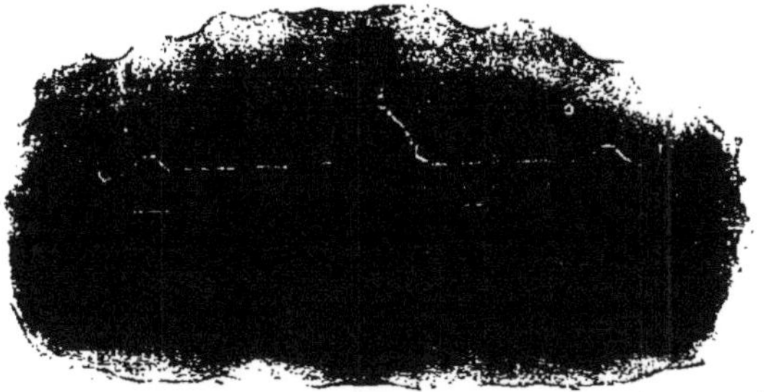

Exposition de Liège. — Palais des Beaux-Arts

GROUPE X. — CLASSE 61

Comité d'Admission et d'Installation

Président :	Galland (Alexandre).
Vice-Présidents :	Aymard (Jules) ; Bardin (Louis) ; Cointreau (Edouard) ; Colas (Albert) ; Duménil (Fernand) ; Mandeix (André) ; Meyer, jeune ; Pelletier (Emile) ; Requier (Edouard) ; Violet (Lambert) ;
Secrétaires :	Bertrand (Alfred) ; Brard (Alfred) ; Collette (René) ; Coulon (Charles) ; Dubonnet (Marius) ; Fourey (Paul) ; Gagé (Victor) ; Lemariey (Lucien) ; Vohlhuter (Jean-Jacques) ;
Trésorier :	Clacquesin (Paul) ;
Membres :	Bernard (Maurice) ; Bertrand (Louis-Victor) ; Bertrand (Oser) ; Blanchard (P.) ; Bourcier (Jules-Eugène) ; Boveral (Constant) ; Casteran (Cyrille) ; Cazalis (Gaston) ; Coulon (Anatole) ; Crémont-Mouquet ; Cusenier (Elisée) ; Denuzière (Ch.) ; Desgroux Charnay ; Fillion (A.) ; Gabolde-Get (Louis) ; Goyet (Stéphane) ; Guéry (F.) ; Julien (V.) ; Lamiral (Henri ; Lefèbvre (H.) ; Legouey (Jules-Etienne) ; Lemetais (E.) ; Marnier-Lapostolle ; Mauprivez (O.) ; Mouchotte (Octave) ; Moulin (Louis) ; Pagès-Ribeyre (Victor) ; Peureux (Auguste) ; Picard (Jules) ; Premier, fils ; Querhœut (Joseph, De) ; Ricqlès (Armand, De) ; Thomas (Martin).

GROUPE X. — CLASSE 61

Le Jury

I° **Membres Français :**

MM. Aynard (Jules), distillateur, à Lyon (Rhône) :
Cointreau (Edouard), distillateur, à Angers (Maine-et-Loire);
Colas (Albert), négociant. à Paris (Seine) ;
Cusenier (Elisée), distillateur, à Pontarlier (Doubs) ;
Galland (Alexandre), distillateur, à Saint-Denis (Seine). Président
de la Classe ;
Mandeix (André), président du *Syndicat National des Vins,
Spiritueux et Liqueurs*, négociant. au Hâvre (Seine-Inférieure);
Peureux (Auguste), distillateur, à Fougerolles (Haute Saône);
Requier, président du Tribunal de Commerce, distillateur, à
Périgueux (Dordogne) ;
Trilles, négociant, à Perpignan (Pyrénées-Orientales).

2° **Jurés Supplémentaires :**

MM. Cazalis (Gaston). négociant, à Cette (Hérault) ;
Méric, négociant, à Bordeaux (Gironde);
Peyret, distillateur. à Lyon (Rhône) ;
Vincent (A -V.), industriel, à Grenoble (Isère .

3° **Jurés Experts :**
Nommés par les Jurés Titulaires

MM. Collette (René), aux Moëres (Nord) :
Coulon (Charles). au Hâvre (Seine-Inférieure),
Dubonnet, fils. à Montreuil-sous-Bois (Seine) ;
Gabolde-Get (Louis), à Revel (Haute Garonne) ;
Guéry (F.), à Angers (Maine et-Loire) ;
Lamiral (Henri), à Paris (Seine) ;
Pelletier (Emile), à Paris (Seine).

M · Chapsal
Commissaire général du Gouvernement Français

*A Monsieur CHAPSAL, Commissaire Général
de la Section Française à l'Exposition Internationale
de Liège 1905.*

Monsieur le Commissaire Général,

Chargé par mes Collègues du Jury de l'Exposition Universelle de Liège, de dresser un rapport spécial sur la situation de notre Industrie des Liqueurs françaises à propos de l'Exposition de Liège.

Je me suis souvenu que j'ai déjà été, en cette qualité, chargé de rapporter en 1897, lors de l'Exposition de Bruxelles.

Je viens de relire ce rapport, et j'ai pu remarquer que toutes les observations que j'avais recueillies à cette époque, et consignées dans mon Rapport, étaient les mêmes ou à peu près, que celles recueillies par moi, au cours des opérations du Jury à l'Exposition de Liège.

Vous m'excuserez donc, Monsieur le Commissaire Général, si j'en reprends à peu près les mêmes termes, en y ajoutant pourtant les quelques modifications et causes de transformations qui ont pu se produire depuis 1897 jusqu'en 1905.

Nous avons eu tout d'abord : la Grande Manifestation française de l'Exposition Universelle de 1900 à Paris. Puis la loi Caillaux de 1900 (Augmentation des Droits sur l'Alcool et protection de la consommation des Vins par la suppression presque totale des Droits), *qui a eu des conséquences bien importantes pour le Commerce des Liqueurs. Puis la disparition, depuis deux années, de la Chartreuse du couvent.*

Suppression de l'absinthe en Belgique, et modification des droits d'entrée en Belgique, Autriche-Hongrie et en Russie.

Enfin, Monsieur le Commissaire Général, je me permettrai d'indiquer, dans ce Rapport, les conséquences de la manière dont sont appliquées les récompenses dans les Jurys Internationaux.

J'ai établi ce rapport avec sincérité, et me suis efforcé de faire ressortir la supériorité de la Liqueur française, et les progrès réalisés par cette industrie qui a pris chez nous un développement si considérable.

Comme en 1897, je me suis appuyé sur l'expérience de trente-cinq années passées dans la fabrication et la vente des liqueurs, expérience qui m'a permis de développer, en connaissance de cause, les moyens de pénétrer à l'étranger, et remédier ainsi, pour une partie du moins, à la surproduction dont nous souffrons en France.

Je serais récompensé, Monsieur le Commissaire Général, si vous

voulez bien estimer que je vous ai présenté un travail de quelqu'inté-rêt pour l'avenir de notre industrie, et seconder ainsi l'œuvre considé-rable à laquelle vous avez attaché votre nom, heureux si j'ai pu fixer un point de cette importante Exposition de Liège à laquelle, sous votre haute direction, l'industrie française dans toutes ses branches, a apporté un appoint si considérable et sur laquelle elle a jeté un si vif éclat.

Le Rapporteur.

E. COINTREAU.

*A Monsieur le Ministre du Commerce, de l'Industrie
et du Travail, à Paris.*

Monsieur le Ministre du Commerce,

*Comme sa devancière, l'Exposition Internationale de Bruxelles en
1897, l'Exposition Internationale de Liège a été pour l'alimentation
française, — solides, liquides et conserves, — l'occasion d'une superbe
et productive manifestation.*

*Grâce à la bienveillante direction de M. le Commissaire Général
français, M. Chapsal, grâce à l'activité du Comité tout entier, qui était
chargé de l'Alimentation, nous avons vu se grouper à Liège dans un
palais spécial, dit palais de l'Alimentation, près de 3.000 exposants.*

*Par ses efforts incessants, ce Comité a pu vaincre des difficultés
sans nombre. C'est ainsi que, notamment, le joli palais de l'Alimentation française, si pittoresquement situé sur les bords de l'Ourthe, a vu
jusqu'à trois fois recommencer la construction des bâtiments détruits
en tout ou partie, par des ouragans violents qui en avaient renversé
les édifices, au moment où la décoration était sur le point d'en prendre possession pour commencer l'installation des vitrines, — cyclones
qui ont dû reculer de près d'un mois l'ouverture officielle.*

*Aussi a-t-il fallu, en quelques semaines, classer, installer, cataloguer,
tous les exposants, et présenter dès les premiers jours de Juin, à Monsieur Francotte, Ministre de l'Industrie et du Travail Belge, une Exposition vraiment digne de la France.*

*Nous aurons, dans le travail qui va suivre, à nous occuper unique-
ment de l'Industrie des Liqueurs sucrées, boissons apéritives, spiritueux ou vins. Nous nous efforcerons de faire ressortir la situation en
1905, tant en France, que dans les pays étrangers qui ont présenté leurs
produits, et où il nous a paru qu'il y ait quelques chances de pénétrer.*

*Nous examinerons le moyen d'atteindre ce résultat, en tenant
compte des modifications survenues depuis 1897, et concluerons en
suppliant Monsieur le Ministre du Commerce de seconder les efforts
d'une Industrie essentiellement française, qui voudrait s'étendre et se
développer au dehors, et qui en a donné une preuve en envoyant à
Liège, 334 de ses représentants autorisés, livrer bataille aux meilleurs
liquoristes Belges, Hollandais, Italiens, Suisses, Allemands, etc., etc.,
— efforts considérables et d'autant plus méritoires que, dans le pays*

Belge notamment, des droits de douane excessifs (3 fr. 50 par flacon de liqueur), sembleraient en fermer à tout jamais la porte.

Je m'inspirerai dans ce travail des observations générales faites par un Jury composé des meilleurs praticiens choisis en France et dans les pays étrangers où la liqueur est le mieux fabriquée et sa consommation plus particulièrement répandue.

M. FRANCOTTE
Ministre de l'Industrie et du Travail.
Bruxelles

A Monsieur FRANCOTTE, Ministre de l'Industrie
et du Travail en Belgique.

Monsieur le Ministre de l'Industrie et du Travail,

Il m'a été donné bien souvent, Monsieur le Ministre, d'entendre votre éloquente parole ; allocutions chaudes et vibrantes dans les banquets — véritables discours — quand vous voulez bien inaugurer, soit des Expositions générales ou partielles, soit des Congrès pour l'avancement du Commerce et de l'Industrie.

J'ai toujours admiré la netteté de vos paroles, la concision de vos conclusions, la clarté de vos idées et la simplicité de vos moyens de frapper les masses, qui vous écoutent toujours avec le plus grand respect et avec la plus vive satisfaction.

J'ai eu l'honneur d'assister à la séance d'inauguration de l'Exposition de Liège, et après le discours de M. le Président du Comité exécutif, j'ai eu la bonne fortune d'entendre les paroles que vous y avez prononcées :

« Les hommes, — disiez-vous, entre autres choses, — ont beaucoup
« à apprendre les uns des autres ; ils arrivent à connaître ce qui s'a-
« chète et ce qui se vend, et leur souci est plus encore de profiter de
« ce qui n'a pas de prix : des idées, des conseils et des exemples.

« Nous sommes touchés de l'empressement et de la confiance que
« tant de peuples accourus à notre invitation, témoignent à ce pays.
« C'est d'une main amie que la Belgique leur tend le vert laurier, sa-
« chant bien que l'hommage est peu de chose, si la cordialité ne s'en
« mêle avec la reconnaissance. Le peuple honoré de leur présence
« les honorera, à son tour, en s'inspirant de leurs leçons. »

Et vous terminiez, Monsieur le Ministre, par cette gracieuse image :

« Il ne peut déplaire à personne que le grain échappé au semeur,
« aille fleurir dans le jardin d'autrui. »

Nous ne pouvons dire si c'est plutôt la graine française qui ira fleurir dans le jardin belge, ou la graine belge qui fleurira dans le jardin français.

Chargé par mes collègues du Jury de l'Exposition des Liqueurs, de dresser un Rapport sur la situation de cette Industrie dans les différents pays, je m'efforcerai, dans ce Rapport, de profiter des enseignements belges pour améliorer notre Industrie française, et j'indiquerai, d'après les observations que j'aurai pu faire à ce jury, l'éclat de la fleur française améliorée par le contact, avec les résultats si considérables acquis en Belgique par l'avancement de cette Industrie, à la suite de l'Exposition de Bruxelles de 1897, dont nous ne saurions oublier le souvenir.

Vous me pardonnerez, Monsieur le Ministre, si j'ai pris la respectueuse liberté de citer quelques-unes de vos paroles ; c'est que, je vous l'avoue, je me suis senti réconforté, réchauffé et encouragé, lorsqu'après avoir assisté à l'une et à l'autre des Assemblées présidées par vous j'ai repassé dans ma mémoire les images évoquées dans vos discours, les idées émises par vous, marquées au bon coin de l'expérience et du tact infini que vous possédez à un si haut degré.

M. PINARD
Président de la Section Française

M. PINARD

Les exposants qui ont envoyé leurs produits à Liège seraient des ingrats, s'ils n'appréciaient pas comme il convient, le rôle considérable rempli par M. Pinard, à la grande manifestaion Liégeoise.

M. Pinard, délégué, par le Comité français des Expositions à l'Etranger, à la présidence du Comité d'Organisation de la Section française fut toujours sur la brèche, et, dès la première heure, a largement payé de sa personne pour obtenir le succès qui s'est affirmé d'une façon si éclatante à cette grande Exposition.

Ce n'était pas au hasard que M. Pinard devait la haute fonction qui lui avait été confiée. Tour à tour, brillant élève de Saint-Cyr, puis officier pendant la guerre de 1870, M. Pinard entra dans la Grande Industrie, et présida pendant des années le Syndicat Général des fondeurs en fer de France.

Président des Comités et du Jury dans diverses expositions, et notamment à l'Exposition Universelle de 1900, il était tout désigné pour être notre chef à l'Exposition de Liège.

Ce n'est pas à nous qu'il appartient de détailler ici le travail considérable donné par M. le Président du Comité français ; mais ce que nous pouvons dire, et ce que nous devons dire, c'est l'amabilité et la compétence avec lesquelles M. Pinard accueillait tous les exposants.

Lorsque étrangers au pays, nous arrivions à Liège, soit pour une inauguration, soit pour un banquet, soit pour une réunion du Jury, nous trouvions aussitôt près de M. Pinard, les renseignements indispensables, les cartes utiles, les entrées partout, qu'il nous faisait donner avec son affabilité toute française et toute parisienne, avec sa compétence et sa sûreté d'appréciation.

Il a été donné à votre rapporteur de prendre place parmi les exposants, membres des jurys et nombreux amis, qui ont voulu donner à M. Pinard une marque tangible de leur reconnaissance et c'est un souvenir inoubliable que cette belle fête dans laquelle on associait à la salle des Champs-Élysées, les noms de Pinard et de Chapsal.

C'est encore un souvenir inoubliable que cette matinée dans laquelle la Société Commerciale et Industrielle qu'il préside, lui offrait un bel objet d'art comme gage de la grande estime dont tous ses amis ont voulu l'entourer.

Quand ils ont comme chef un tel homme, les exposants qu'il conduit à la bataille, sont assurés de la victoire.

M. ANCELOT

Votre rapporteur oubliera certainement de rendre hommage à de nombreux personnages qui ont concouru à notre succès de 1905 ; cependant nous n'avons pas le droit de ne pas citer M. Ancelot.

M. Ancelot est le Président, fondateur du Comité des Expositions françaises à l'étranger qui prit corps, si je me souviens bien, à l'Exposition d'Amsterdam en 1895. M. Ancelot s'est sacrifié tout entier à cette œuvre considérable et c'est grâce à son énergie, s'il a pu mener à bien la lourde tâche entreprise.

Nous faisons des vœux pour qu'il reste longtemps à la tête de cette Société si utile, dont il est resté l'âme, sachant éviter surtout les contaminations de la politique, pour s'occuper uniquement d'être un instrument puissant pour les luttes et les victoires futures du Commerce et de l'Industrie française à l'étranger.

Après Amsterdam, Bruxelles ; après Bruxelles, Saint-Louis ; après Saint-Louis, Liège et tant d'autres..... Voilà maintenant que le Comité des Expositions françaises à l'Étranger s'occupe de Milan et nous pouvons dire dès à présent, que cette nouvelle manifestation de sa vitalité sera aussi un nouveau triomphe à l'actif de cette grande organisation qui rend tant de services à l'Industrie française.

Votre rapporteur qui en fut membre dès le début, a participé, toujours comme exposant et toujours comme Membre des Comités et des Jurys, à toutes les Expositions entreprises par lui. Il y a acquis une longue et profitable expérience, dont il ne saurait trop exprimer sa reconnaissance à l'égard de son président fondateur.

RAPPORT

SOMMAIRE :

Impressions générales. — Situation du Commerce des Liqueurs.
Des Liqueurs.
La Publicité.
Spécialités.
Le Distillateur.
Loi des Fraudes. — Bouilleurs de Crû.   Loi Caillaux.
Colorants.
Classification générale des Liqueurs et Apéritifs, Liqueurs sucrées,
  Liqueurs apéritives, Absinthe, Vins apéritifs, Liqueurs de fruits.
EXPORTATION : Belgique, Hollande, Allemagne (Luxembourg),
              Angleterre, Autriche-Hongrie, Bulgarie, Chine,
              Etats-Unis, Grèce, Italie, Japon, Norwège,
              Section Ottomane, Perse, Russie, Serbie, Suède,
              Suisse, Espagne, Portugal.
Jury des Récompenses.

EXPOSITION DE LIÉGE. — Entrée principale du Palais des Nations

L'EXPOSITION DE LIÈGE

IMPRESSIONS GÉNÉRALES

La participation de la France à l'Exposition de Liège a été une importante manifestation, éclatante de vitalité pour toutes les branches de l'Industrie et du Commerce Français. Grâce à l'empressement de tous, et au mouvement d'opinion créé par le Comité Français des Expositions à l'Étranger ; grâce surtout à la bienveillante et active direction de M. Chapsal, Commissaire Général du Gouvernement de la République, et de M. Pinard, Président de la Section française, notre pays arrive en tête de toutes les nations qui ont répondu à l'appel de nos excellents voisins, tant pour la quantité d'exposants que pour l'importance des stands et des groupes.

Sur un total de 13.475 exposants, la France figure pour 7.950, y compris les collectivités, soit près de 60 pour cent ; elle obtient 5.261 récompenses, soit près de 75 pour cent de ses exposants. Ces chiffres se passent de commentaires.

L'Alimentation française (solides, liquides, conserves), avait tout particulièrement répondu à l'appel des organisateurs. Le groupe X comprenait à lui seul 2.983 exposants, et le palais construit spécialement pour ce groupe, par M. de Montarnal, architecte en chef de la Section française, le long de la jolie rivière l'Ourthe, au bout du fameux pont en ciment armé de M. Hennebique, sur le quai Mativa, a été certainement l'un des plus visités. Il couvrait une superficie de 2.800 mètres carrés, et sa hauteur de 14 mètres a permis d'y installer les grands appareils de rectification des constructeurs français.

L'organisation y était parfaite, grâce à l'habile direction de son président, M. Turpin, secondé par M. J. Cahen, secrétaire, avec l'aide de :

> MM. J. Prévet, président des classes 55 à 59.
> J. Piguet, président de la classe 60.
> A. Galland, président des classes 61 et 62.

Stand de la Maison COINTREAU

Stand de la Maison CUSENIER

Les crûs les plus renommés de nos beaux vins de France, Bourgogne, Bordelais, Champagne, Anjou, Beaujolais, Jurançon, etc., étaient représentés par leurs années les mieux réussies; les inimitables Eaux-deVie des Charentes, Grande-Champagne, Fine Champagne, Borderies, Saintonge, Aigrefeuille, etc; les délicates Eaux-de-vie d'Armagnac et Ténarèze, étaient venues en foule affirmer leur incontestable supériorité.

Les aliments solides étaient représentés par nos grandes Industries : Produits farineux, pâtes alimentaires, chocolats, biscuits, conserves alimentaires., confiserie, et toutes donnaient l'impression qu'elles ne pouvaient avoir de rivales.

Les sirops et liqueurs montraient enfin les grandes Marques Françaises, dont la supériorité est consacrée par une longue suite de succès C'est de cette branche de l'Industrie Française, dont nous allons nous occuper ici, et nous allons essayer de conduire notre tâche à bien; heureux si nous avons accompli une œuvre utile.

Tous les stands, dont quelques-uns remarquablement installés, dénotaient un goût sûr et une fertilité d'imagination qui attiraient le visiteur, retenaient son attention et l'amenaient au bout de sa promenade dans ce grand hall de 140 mètres de long, sans qu'il en ait éprouvé la moindre fatigue.

Le vieux goût français a montré là encore une fois qu'il n'était pas un vain mot. .

Nous suppliions le Gouvernement dans notre rapport spécial sur les liqueurs françaises, publié à la suite de l'Exposition Internationale de Bruxelles 1897, de soutenir ses nationaux liquoristes dans leurs efforts pour faire pénétrer, s'étendre et se maintenir, les produits de l'industrie des liqueurs, industrie essentiellement française.

Nous l'avons été certainement, et les chiffres que nous donnons ci-après le montrent, puisque malgré l'augmentation des droits de Douane imposée par le Gouvernement Belge à nos produits, nous étions 334 à Liège contre 150 seulement à Bruxelles en 1897.

Il est certain que la loi du 31 décembre 1900, dite loi Caillaux, qui, pour dégrever les boissons hygiéniques chargeait les liqueurs et spiritueux, a augmenté nos charges. Que les nouvelles conditions du travail, émanant évidemment d'une préoccupation essentiellement humanitaire, en réduisant la journée à 10 heures, a augmenté notre main d'œuvre.

Mais, nous espérons que la journée de 8 heures dont il est si souvent question, ne sera pas appliquée, car ce serait un grand malheur pour notre industrie. Cette mesure, en effet, lui porterait un coup terrible !

Notre travail d'alambic ne pourrait s'effectuer en un aussi court laps de temps, et on ne peut vraiment pas songer à deux équipes d'ouvriers, faisant 8 heures chacune,à cause de la difficulté du travail qui en résulterait ; puis, la conduite délicate des alambics ne peut être sans danger confiée à deux mains différentes, et surtout à deux contre-maîtres, susceptibles de devenir des rivaux dans la circonstance.

Ce serait aller ainsi contre l'intérêt des ouvriers eux-mêmes, car notre industrie si florissante ne serait plus en mesure de lutter contre la concurrence qu'il lui faut soutenir sur les marchés étrangers, et perdrait ainsi sa plus belle clientèle.

Il serait plutôt à désirer que des dérogations à la Loi du Travail nous soient accordées d'une manière plus large et plus généreuse, surtout à la fin de l'année, qui est pour nous le moment le plus actif pour la vente de nos produits, et en prévision de laquelle nous ne pouvons constituer de stock, nos liqueurs étant sujettes à des changements de goût de la part du consommateur qui tantôt réclame du Curaçao, de l'Anisette, ou bien de la Menthe.

Cela rendrait un grand service à notre corporation, en même temps qu'à nos ouvriers spécialistes, qui trouveraient dans leur travail supplémentaire, une ressource très appréciable.

Les compagnies de chemins de fer, en outre, protégeraient utilement nos intérêts, si elles accordaient à tous les Négociants les mêmes bénéfices des tarifs spéciaux. Cela faciliterait la pénétration de tous les produits de notre Industrie sans exception, et sans qu'une région soit favorisée plutôt qu'une autre. Souvent, en effet, les efforts de nos voyageurs et représentants, ou les plus habiles combinaisons des Négociants, sont détruits par la différence énorme de transport qui existe pour des localités, cependant pas plus éloignées l'une et l'autre du pays d'importation, ou bien par l'ennui qui découle des restrictions des connaissements, pour les envois par eau. Nous reviendrons du reste sur ce paragraphe dans un chapitre spécial.

Il serait à désirer enfin que les employés de l'administration des Douanes nous facilitent l'opération, très simple en apparence, du Drawback qui pourrait devenir, si elle était pratique, c'est-à-dire facile et surtout économique, dégagée des formalités coûteuses qui entourent toutes ces opérations, une compensation aux frais très grands que nous imposent nos affaires d'Exportation.

Enfin, nous avons, depuis quelques années, à soutenir une lutte très vive contre un nouvel ennemi — l'hygiéniste —, lutte acharnée parce que l'hygiéniste n'accepte pas de demi mesure, et poursuit également les Négociants et les Producteurs ; il ne demande rien moins que la ruine du Distillateur et sa mort ; il exige avec de grands mots et de

belles phrases, la destruction par le fer et par le feu de tous les plants
de vigne qui font cependant la fortune de nos plus riches provinces
de la Bourgogne au Midi, oubliant que le Français a toujours brillé
au premier rang des peuples intelligents, même *et surtout* avant que
l'hygiéniste ne soit inventé !

Notre pays, toujours prompt à défendre les idées généreuses, a tout
d'abord soutenu l'hygiéniste ; mais il s'est bien vite aperçu qu'il y
avait exagération et parti pris dans tous les griefs formulés et les
maisons sérieuses conservent l'appui du Gouvernement, en même
temps que la faveur du consommateur. Cette campagne hygiéniste a eu
peut-être un résultat bienfaisant, en obligeant les fabricants à surveiller de plus près encore la préparation de leurs produits ; nous
reviendrons du reste sur ce sujet dans le courant de notre travail.

La Loi des Patentes va encore augmenter nos charges ; mais nous
espérons que les pouvoirs publics voudront bien réduire ou sup-
primer la licence qui constitue pour le Commerce des Vins et Liqueurs
une seconde patente, qui ne s'explique pas frappant plutôt les négociants en liqueurs que tous les autres commerçants, marchands de
draps, de fer, etc., etc.

Ajoutons à cela une augmentation presque générale des droits de
douane dans tous les pays... Il y a là encore un point sur lequel nous
tenons à attirer l'attention de ceux qui ont la lourde mission de conduire les affaires de notre grand pays, et nous leur demandons leur
appui. Nous espérons qu'il ne nous fera pas défaut, car le commerce
des liquides est de tous celui qui fournit le plus de ressources au
Trésor.

DES LIQUEURS

Nous faisions, dans notre rapport de 1897, un historique de l'Industrie des Liqueurs ; nous n'y reviendrons que pour rappeler les soins
qu'il faut donner et les difficultés qu'il faut vaincre pour fabriquer
une bonne liqueur, bien équilibrée en parfum et en sucre, de bonne
tenue, plaisant au goût et à l'œil du consommateur.

Comme autrefois, plus encore même ! il faut apporter l'attention
la plus grande dans le choix des matières premières qui doivent for-
mer la base de la liqueur. Il faut en surveiller la macération, et surtout la distillation afin d'en retirer toutes les qualités, et d'éliminer
les principes mauvais ou seulement médiocres.

Comme autrefois aussi, il faut le « tour de main » du distillateur pour le mélange avec le sucre, le collage, le filtrage et toutes autres préparations qui, bien conduites doivent assurer la bonne tenue et le bel aspect d'une grande liqueur.

De plus en plus, la mise en bouteilles doit être l'objet des meilleurs soins, car il faut avant tout que le produit plaise à l'œil du consommateur, lequel trouve, non sans raison, que la belle présentation d'un produit, est déjà une garantie des soins qui ont été apportés à sa fabrication.

Et sous ce rapport là, on peut dire hardiment que le liquoriste français excelle !... La promenade dans le hall de l'Alimentation était à ce point de vue excessivement intéressante, et souvent nous nous sommes arrêtés pour admirer des étiquettes qui étaient de véritables œuvres d'art, ou des habillages très habilement combinés, des formes de flacons très heureuses avec des dispositions d'étiquettes originales.

*
* *

Nous disions déjà en 1897, et nous pouvons redire avec assurance aujourd'hui, que la France est la patrie de la Liqueur. Elle vient de l'affirmer encore à Liège, d'une façon indiscutable.

C'est par millions d'hectolitres qu'on fabrique les liqueurs en France et c'est par millions d'hectolitres qu'on les consomme. Il n'est pas un petit ménage, pas un somptueux hôtel où l'on ne serve au dessert le verre traditionnel de liqueur digestive. Aussi, cette Industrie s'y est rapidement développée et continue à progresser.

Autrefois, chaque partie de la France avait sa liqueur particulière, consacrée par l'usage et expliquée par les produits spéciaux du sol, ou par les efforts d'industriels laborieux : tels les cassis de Dijon, l'Anisette de Bordeaux, le Guignolet d'Angers, la Prunelle de Bourgogne, etc., etc. Autrefois, les grands centres de fabrication étaient Paris, Limoges, Dijon, Marseille, Bordeaux, Lyon, Angers ; mais, depuis la loi qui autorise le marchand de vins entrepositaire à fabriquer les liqueurs après une simple déclaration, on voit dans tous les coins de la France s'établir des fabricants de liqueurs. De là naturellement est venue la surabondance, la surproduction, la nécessité de vendre, et, comme conséquences : la baisse considérable et continuelle des prix de vente et hélas ! la diminution souvent constatée de la qualité.

Il serait donc à souhaiter que des manifestations dans le genre de celle de Liège, nous ouvrent des débouchés à l'étranger, afin de faciliter l'écoulement de notre fabrication.

Nous parlons plus haut de diminution de qualité. Le public pourrait se demander comment il peut se faire qu'il y ait diminution dans la qualité d'une liqueur ! Pour lui, en effet, un flacon de liqueur — Curaçao par exemple — de qualité ordinaire, présente à l'œil le même aspect qu'un Curaçao de qualité supérieure : étiquette superbe, jolie bouteille, capsule aux voyantes couleurs, limpidité absolue, conséquemment de la part du liquoriste : mêmes soins de fabrication, même travail... et pourtant au goût, la qualité ne se ressemble guère... le parfum ne peut pas se comparer !

Si pour fabriquer un Curaçao de *qualité supérieure*, le liquoriste doit choisir avec soin les zestes d'oranges, les trier méticuleusement, éviter les moindres apparences de moisissures, faire subir l'opération délicate du zestage, soumettre ces écorces à une macération longue et raisonnée dans un bon alcool de vin, opérer une distillation savamment conduite avec une expérience consommée, en tenant compte non seulement des règles qu'il s'est imposées par la pratique, mais encore des mille cas imprévus qui l'exposent à chaque instant à manquer son opération ; si pour faire un produit de premier choix il doit employer un sucre bien blanc, bien clarifié, procéder à un collage régulier, bien dosé, à un filtrage extrêmement délicat, long et coûteux à cause de l'évaporation, à une mise en foudres pour vieillir, à un enflaconnage méticuleux. Si, en un mot, pour faire un produit supérieur, le liquoriste est astreint à toutes ces opérations qui demandent une attention soutenue, il se contentera, pour la liqueur ordinaire, d'utiliser des sous-produits de distillation, de ne l'alcooliser qu'avec de l'alcool d'industrie, de ne la sucrer qu'avec une petite partie de sucre et une grosse partie de sirop de fécule, enfin de ne mettre de tous ces produits, qui déjà sont de second ordre, qu'une quantité plus minime ; cette liqueur ne sera pour toutes ces raisons ni fine de parfum, ni savoureuse par le sucre, ni active et bienfaisante par l'alcool.

Les grandes maisons font, pour satisfaire leur clientèle, jusqu'à huit et dix qualités des diverses sortes de liqueurs : Anisette, Curaçao, Menthe, etc., etc., dont le prix coûtant est raisonné et le prix de vente basé sur les nécessités de la concurrence, toujours plus ardente. On se rend aisément compte alors du matériel considérable qui est nécessaire au liquoriste pour distiller, pour fabriquer, pour filtrer, pour embouteiller et pour emmagasiner ces différentes sortes de qualités. On se rend compte aussi qu'il faut avoir la vente des liqueurs de qualité supérieure pour pouvoir fabriquer des liqueurs de qualité ordinaire, bien établies, avec des sous-produits naturels, et non point avec des essences.

Aussi, de plus en plus, le liquoriste cherche à se spécialiser, ce qui lui permettra de vendre non seulement au consommateur, mais aussi à ses confrères. Il étudie le goût du jour, soit par lui-même, soit par les renseignements que lui procurent ses voyageurs ou représentants ; il fabrique un apéritif ou un digestif ; il tâche de trouver un nom nouveau, à l'abri si possible de l'imitation ; il recherche quelque parfum inconnu qui le rende maître de sa fabrication, soit par une combinaison heureuse, soit par l'emploi d'un fruit exotique.

Puis il s'enquiert d'un flacon de forme plus ou moins originale, dans tous les cas, autant que possible, non encore en usage — comme le nom de sa liqueur — il compose une étiquette, opère un dépôt légal, et... il lance son produit.

S'il est riche, s'il sait faire, il se fait appuyer par une réclame intense, et c'est alors qu'il lui faut compter avec ce nouvel agent de succès, de plus en plus dans le goût du jour, et qui règne en maître sur nos affaires... nous avons nommé la publicité.

LA PUBLICITÉ

C'est la reine du jour, et de plus en plus elle émarge dans tous les budgets, même les plus fermés :

Affiches illustrées, signées des plus grands maîtres... Chéret, Guillaume, Pal, Oger, etc., qui souvent sont des œuvres remarquables et acquièrent dans les collections, un prix relativement énorme.

Articles de journaux.

Publicité lumineuse.

Panneaux décoratifs. Mille et mille autres encore ; attributs réclame de toute sorte, etc., etc.

On peut dire qu'une industrie nouvelle est née de ce nouveau besoin... fabricants d'éventails en papier plissé, de bimbloterie, d'objets d'art en zinc « simili bronze... » de pipes, tableaux-réclame de toutes formes et de tous les genres, souvent très beaux et très artistiques, bijouterie, etc.

Mais tout cela coûte très cher et le chef de maison doit apporter la plus grande attention pour diriger son budget de publicité, afin qu'il n'absorbe pas ses bénéfices.

On nous a affirmé que des maisons distribuent, pour lancer un nouveau produit, des montres... même en or ! des chaînes genre sautoir... mais c'est là peut-être une exagération, et cette façon de faire de la publicité, bien trop coûteuse, est repoussée par les maisons sérieuses. Elles n'ont pas besoin de cela pour montrer la supériorité de leurs spécialités.

Il en est qui sont allés jusqu'à introduire entre le bouchon et la capsule, une pièce de 50 centimes.

Il faudrait un volume pour citer les différents genres de publicité ; certains sont même très ingénieux ; mais nous n'avons pas l'intention d'écrire un volume ; aussi bornerons-nous là cet aperçu rapide sur cette nouvelle manifestation de la lutte commerciale.

Les négociants qui veulent s'ouvrir des débouchés nouveaux, ont recours à la publicité et les anciennes maisons la pratiquent sur une grande échelle pour maintenir leurs positions. Quelques budgets se clôturent sur ce chapitre par des centaines de mille francs.

Ce chiffre donne à réfléchir, et nous fait dire avec raison que la publicité est une arme à deux tranchants qu'il est très difficile de manier.

Le négociant qui ne la connaît pas suffisamment, qui ne surveille pas tous les jours son compte réclame, se laisse entraîner aux sollicitations de tous les agents de publicité, qui lui offrent le succès certain. Il s'emballe et en fin de compte... il voit avec terreur qu'il a dépensé tout son avoir sans s'en douter...

SPÉCIALITÉS

Lorsque le liquoriste est enfin arrivé à constituer une spécialité, qu'il a réussi à faire pénétrer son produit dans la consommation, que la qualité en est consacrée sur les grands marchés et dans les grandes Expositions — qu'il a réussi en un mot à faire une Grande Liqueur, baptisée d'un nom heureux, et qu'il a déposé régulièrement le flacon et l'étiquette, il aurait tort de se croire à la fin de ses peines.

Il ne peut en effet jouir en paix du fruit de son travail, car il voit apparaître autour de sa marque, si péniblement lancée souvent, et qui lui a coûté si cher, il voit apparaître la *légion des imitations* et des imitateurs qui suivent son sillage et cherchent à profiter de la situation acquise par lui.

Et par quels moyens !... ils modifient légèrement l'étiquette sur laquelle ils mettent même : « se méfier des imitations », ce qui est, on en conviendra, une arme dangereuse et qui peut se retourner contre eux ; ils changent un tantinet la forme du flacon ou bien encore la dénomination du produit, afin d'avoir à peu près la même consonnance sans avoir la même orthographe. Tous ces imitateurs font l'extraordinaire pour éviter de tomber sous le coup de la loi et offrent aux acheteurs, qui bien souvent s'y laissent prendre, une imitation la plupart du temps mal faite.

Il en résulte alors une défaveur sur le produit, une perturbation dans l'esprit du public et, si le véritable propriétaire de la marque n'a pas l'énergie ou les moyens de résister, le courage de continuer la lutte quand même, de redoubler la publicité, en un mot, s'il ne trouve pas le moyen de paralyser cette concurrence déloyale, et s'il n'a pas la force de se maintenir le premier, il se voit à bref délai privé du bénéfice sur lequel il était en droit de compter, et il sombre après avoir entrevu le succès et la fortune.

Les expositions heureusement, repoussent énergiquement les imitateurs et conservent aux produits consacrés, le bénéfice qui leur est légitimement dû. Nous l'avons vu en 1897, à Bruxelles, et nous en avons été témoin encore à Liège, cette année. Nous ne saurions trop approuver cette mesure qui part d'un sentiment respectable entre tous..., la reconnaissance de la propriété acquise par le travail.

Nous sommes aussi aidés dans la défense de nos intérêts, et la sauvegarde de la propriété industrielle, par une société puissante et bien dirigée : l'*Union des Fabricants*, dont les services ont été appréciés par le Gouvernement français, qui lui a accordé le bénéfice de la déclaration d'utilité publique.

Grâce à elle le négociant peut poursuivre la revendication de ses droits et se faire rendre justice ; il peut assurer la protection de sa marque à l'étranger, aussi bien qu'en France, et grâce à elle, il peut opérer le dépôt régulier de ses créations dans tous les pays du monde où les lois garantissent la propriété industrielle.

D'autres organisations similaires ont été créées un peu partout, notamment en Belgique, où l'*Union Commerciale et Industrielle*, si bien lancée par ses organisateurs, MM. Derneville, Clément, de Voghel, Lorber, Grandsire, Sadzawka, et son directeur si actif, notre ami, M. Desmaisons, directeur de notre succursale de Bruxelles, rend déjà de si réels services aux négociants et industriels qui lui ont confié la défense de leurs marques et propriétés industrielles et artistiques.

On ne saurait trop appuyer ces sociétés, car elles sont utiles pour la sauvegarde des droits sacrés que donnent le travail et l'intelligence.

LE DISTILLATEUR

Par ce qui précède, nous voyons qu'il est difficile de faire une grande Maison et qu'avant d'y arriver, il faut passer par bien des désillusions et soutenir bien des luttes !

L'art du Distillateur est en effet bien difficile à acquérir. Il faut, pour s'en convaincre, assister à l'une de nos séances de dégustation, d'où l'on sort étonné de voir avec quelle sûreté les dégustateurs, rien qu'en flairant la liqueur présentée, trouvaient immédiatement :

Le genre de parfum employé..., anis, orange, cumin, rose, etc.

Si la liqueur était le produit de la distillation, de la macération, ou la simple addition d'essence naturelle.

Si les proportions de parfum avaient été bien gardées, si elles avaient été bien combinées avec le sucre et l'alcool, etc. Il faut voir avec quelle précision ces dégustateurs donnent leur opinion toujours juste et raisonnée.

Cette véritable science de la dégustation s'obtient par la grande pratique du métier ; elle est aussi un don naturel, et certains distillateurs liquoristes possèdent au suprême degré ce don et cette science.

Mais inventer, combiner, obtenir les liqueurs elles-mêmes dans le laboratoire, par un mélange raisonné des parfums et de la saveur, c'est — qu'on nous pardonne cette prétention, dictée par l'amour de notre métier — un peu de l'art quand on réussit, car il est difficile de travailler tous les produits qui entrent dans la fabrication des liqueurs.

Qu'est-il donc ce métier dans ces grandes lignes ?

Le liquoriste qui se respecte, celui qui veut fabriquer lui-même tout ce qui est du ressort de sa profession, doit procéder non pas par des recettes banales, de celles qu'on trouve dans tous les livres, mais des recettes à lui, revues, corrigées, augmentées par lui-même. Il doit savoir travailler (non pas à la manière d'un confiseur, mais par une préparation spéciale aux Liquoristes), Prunes, Cerises, Chinois, Mirabelles, Cassis, etc., etc.

Ce travail qui n'a lieu qu'à la saison, c'est-à-dire pendant une quinzaine de jours ou trois semaines au plus, oblige le Liquoriste à passer des nuits afin de ne pas perdre de grosses quantités amoncelées, qu'un temps trop chaud peut avarier, qu'un orage peut faire tourner Les considérables Maisons de Saint-Denis, de Pantin, de Paris, travaillent ainsi chaque année plus d'un million de kilogrammes de Cassis frais, et c'est par centaines de mille kilogs que l'Anjou soumet au broyage les cerises du pays pour la fabrication du GUIGNOLET d'ANGERS.

Le Liquoriste doit encore préparer, pour les utiliser pendant l'hiver, les jus de Groseilles, de Framboises, de Cerises, de Mûres, etc., etc., pour la fabrication des sirops divers.

Il faut des caves fraîches, des cuves immenses, des appareils puissants : pompes à air, monte-charges, broyeurs, pressoirs, bassines et alambics de grande dimension, spécialement construits pour retirer des marcs épuisés l'alcool inutilisable ou à peu près comme bonne marchandise, mais dont la régie exige la présentation, et l'existence en magasin, sous peine d'avoir à payer des droits très élevés s'il existe des manquants.

Le patron liquoriste doit connaître lui-même le travail dans tous ses détails, il doit savoir faire manœuvrer tout son outillage et, s'il s'en rapporte à des contre-maîtres, quelqu'expérimentés qu'ils soient, c'est surtout pour faire exécuter ses instructions et pour être certain que le travail sera bien fait comme il le comprend et comme il le commande, car il connaît le goût du public.

Tout cela nécessite un apprentissage long, coûteux, pénible et, j'ose le dire, des aptitudes spéciales. On exigeait autrefois des ouvriers pour passer maîtres, qu'ils aient donné la preuve de la connaissance de leur métier ; un arrêt royal du XIIe siècle établit les liquoristes en corps de Jurande. C'est peut-être de ces anciennes corporations, disparues aujourd'hui, qu'est venue la prospérité inouïe des industries françaises, et que sont sortis comme d'une pépinière tous ces ouvriers expérimentés et habiles connaissant à fond le métier qu'ils pratiquaient ; ils se sont répandus dans le monde entier et ont propagé les connaissances qu'ils possédaient, véritable privilège, autrefois, on peut le dire, de l'industrie française.

Il n'en est plus de même aujourd'hui ; le recrutement des ouvriers liquoristes est difficile et nous dirons plus loin pourquoi.

Le liquoriste a besoin pour s'approvisionner des matières premières nécessaires à son industrie, de s'adresser à un droguiste spécial. Paris possède ainsi un certain nombre de grandes Maisons, qui importent en grande quantité :

Vanille de Bourbon, du Mexique, d'Haïti, etc. ;
Badiane de Chine ;
Anis de Russie, d'Espagne ;
Fenouil de Florence ;
Cumin de Malte ;
Oranges sèches de toutes provenances, etc., etc.

Ils approvisionnent aussi leurs clients des produits français, tels que les zestes d'oranges fraîches d'Algérie et du Midi de la France.

Depuis l'extension prise par les Amers spiritueux et bitters, les écorces de toutes les oranges que travaillent en une journée les glaciers et les pâtissiers parisiens, celles de toutes les oranges consommées chez les restaurateurs et grands magasins de comestibles sont achetées, zestées, expédiées par les soins du droguiste dans toutes les directions, et cela par quantités annuelles de centaines de mille kilogrammes, voyageant par grande vitesse, supportant des frais de transport, qui varient de 12 à 15 francs par 100 kilos.

Le droguiste a donc sa clientèle de liquoristes, il y tient, il la soigne, il choisit pour elle des matières premières de tout premier choix. Voilà qui est bien ; mais le droguiste fait voyager dans Paris et en province, il a assisté lui-même à ce développement inouï du nombre des fabricants de liqueurs, il les a vus, il les a renseignés et il s'est ingénié à leur trouver des produits qui leur facilitent le travail, en supprimant outillage, connaissance et expérience.

Il n'y a, pour s'en convaincre, qu'à consulter quelques prospectus pour y voir figurer les articles suivants :

Doses pour 50 litres Anisette.
Doses pour 50 litres Curaçao ;
Doses pour 50 litres Absinthe ;
Doses pour 50 litres Rhum, Cognac, etc. ;
Doses pour 50 litres Sirop Orgeat, Groseille et autres.

Ces doses, suffisantes pour parfumer et colorer 50 litres de liqueur tiennent dans une fiole de un litre ou d'un demi-litre.

Nous avons même vu, pour ne citer qu'un fait précis, cette proposition bizarre, faite à quelques-uns d'entre nous :

« Je reconnais que vous avez fait entrer la consommation du Guignolet d'Angers sur la place de Paris ; mais le mien se vend encore davantage, parce qu'il est moins cher. Et je vous offre de vous vendre le procédé, lequel présente cet avantage, qu'il n'est pas nécessaire d'employer des Guignes pour le fabriquer. » Un échantillon était joint à la lettre.

Évidemment, la liqueur en question est un mélange d'essences de noyaux quelconques en dissolution dans l'alcool, sucré et coloré artificiellement.

Cette science des couleurs comestibles que devait acquérir et posséder le Liquoriste de profession, n'est plus nécessaire aux nouveaux venus. On perd l'habitude de travailler la graine de Perse et le safran, pour produire un beau jaune végétal, de les mélanger à l'indigo, pour produire le vert.

Les couleurs chimiques ont remplacé tout cela, le procédé est plus simple, en effet, et les couleurs rendues parfaitement inoffensives sont autorisées, mais c'est la perte du métier, et le liquoriste ne sait même plus fabriquer lui-même son caramel de sucre, ce qui était une des opérations les plus difficiles et qu'on n'aurait jamais dû abandonner, le droguiste lui fournit tout cela tout prêt, en petites bouteilles. Aussi, on a tant dit, tant analysé à une certaine époque, à l'occasion de certains vins artificiellement colorés en rouge, que peu à peu le liquoriste désireux d'éviter les récriminations a abandonné bien des liqueurs colorées et fait admettre par le public des liqueurs blanches, plus difficiles à obtenir, mais répondant mieux à son goût et à ses tendances.

Voilà donc d'où provient la surproduction des liqueurs en France. Ces liquoristes d'occasion ne fabriquent, il faut bien le dire, la plupart du temps, que ce qui leur est nécessaire pour entretenir leur clientèle de détail ; mais ils ne sont plus, comme ils l'étaient autrefois, les clients des grandes maisons, largement outillées, connaissant à fond le métier.

Ils fabriquent avec les essences achetées aux droguistes des *liqueurs ordinaires*, qui souvent auraient besoin d'être activement surveillées.

Des fabricants de ce genre, paraissent peu dans les expositions ; ils savent très bien que leurs produits seraient hors d'état de soutenir une comparaison quelconque.

Le Jury n'a pas cru devoir encourager les exposants droguistes qui favorisent ainsi la fabrication par des essences. Il n'entrait pas dans sa pensée, évidemment, d'adresser un blâme quelconque à l'industriel qui cherche à augmenter ses moyens d'action et ses sources d'affaires ; mais outre que la plupart du temps les essences employées sont de provenance allemande (parfums artificiels extraits de la houille que nos voisins sont devenus si habiles à fabriquer), le Jury a considéré qu'il n'avait à discuter et à apprécier que les liqueurs fabriquées, et non point les matières premières servant ou pouvant servir à ces fabrications, il a pensé que c'était l'affaire de leurs confrères droguistes et a renvoyé les exposants à cette classe.

Mais, nous pouvons affirmer hautement encore que le distillateur français, vraiment du métier, est consciencieux, et qu'il ne cherche que dans le travail des produits naturels, les parfums qu'il introduit dans ses liqueurs.

Il l'a montré une fois de plus à l'Exposition de Liège, où il a prouvé encore qu'il ne voulait pas laisser accaparer par un autre sa vieille réputation, sa vieille supériorité dans l'art de fabriquer de bonnes liqueurs.

Le tableau comparatif des récompenses obtenues par les différents pays en donnera une idée plus frappante que les plus brillants exposés.

Le tableau récapitulatif suivant permet d'apprécier d'un coup d'œil les résultats obtenus par les divers pays et la part prépondérante de la France.

PAYS	EXPOSANTS	Hors Concours	Grands Prix	Diplômes d'Honneur	Médailles d'Or	Médailles d'Argent	Médailles de Bronze	Mentions Honorables	TOTAL des Récompenses
ALLEMAGNE	2	»	·	1	1	»	»	»	2
ANGLETERRE	2	»	1	»	1	»	»	·	2
AUTRICHE-HONGRIE	8	»	»	1	6	1		»	8
BELGIQUE	96	10	4	4	14	16	4	2	54
BULGARIE	2	»	»	»	»	2	»	»	2
ETATS-UNIS	10	»	4	1	4	·	1	»	10
FRANCE	226	25	15	13	19	16	10	2	100
GRÈCE	11	»	»	»	1	3	3	·	7
ITALIE	8	»	»	3	3	2	»	·	8
NORWÈGE	2	»	»	1	1	·	·	»	2
PAYS-BAS	4	2	»	·	»	2	·	»	4
PERSE	1	·	»	»	1	»	·	»	1
RÉPUBLIQUE DOMINICAINE	5	»	»	1	2	2	·	·	5
RUSSIE	3	·	1	·	1	»		·	3
SERBIE	13	»	»	»	3	2	3	»	8
SUÈDE	1	·	»	1	»	»			1
SUISSE	7	»	»	1	3	3	»	»	7
TURQUIE	3	»	»	»	1	1	»	»	2
TOTAUX	413	37	25	27	64	54	21	4	233

LOI DES FRAUDES

C'est ici que se place un état nouveau, qui montrera la difficulté de fabriquer des liqueurs ; cet état provient de la loi dite « Loi des Fraudes », dont il est indispensable que nous parlions ici.

Le 1ᵉʳ août 1905, le *Journal Officiel* publiait la loi suivante, dont le Parlement français venait de voter l'application.

Loi du 1ᵉʳ août 1905

Loi sur la répression des fraudes dans la vente des marchandises et des falsifications des denrées alimentaires et des produits agricoles

ARTICLE PREMIER. — Quiconque aura trompé ou tenté de tromper le contractant :

Soit sur la nature, les qualités substantielles, la composition et la teneur en principes utiles de toutes les marchandises ;

Soit sur leur espèce ou leur *origine*, lorsque, d'après la convention ou les usages, la désignation de l'espèce ou de l'origine, faussement attribuées aux marchandises, devra être considérée comme la cause principale de la vente ;

Soit sur la quantité des choses livrées ou sur leur identité, par la livraison d'une marchandise autre que la chose déterminée, qui a fait l'objet du contrat.

Sera puni de l'emprisonnement pendant trois mois au moins, un an au plus, et d'une amende de cent francs (100 francs) au moins, de cinq mille francs (5.000 francs) au plus, ou de l'une de ces deux peines seulement.

ART. 2. — L'emprisonnement pourra être porté à deux ans, si le délit ou la tentative de délit prévus par l'article précédent ont été commis :

Soit à l'aide de poids, mesures et autres instruments faux ou inexacts ;

Soit à l'aide de manœuvres ou de procédés tendant à fausser les opérations de l'analyse ou du dosage, du pesage ou du mesurage, ou bien à modifier frauduleusement la composition, le poids ou le volume des marchandises, même avant ces opérations ;

Soit enfin, à l'aide d'indications frauduleuses tendant à faire croire à une opération antérieure et exacte.

ART. 3. — Seront punis des peines portées par l'article 1^{er}de la présente loi :

1° — Ceux qui falsifieront des denrées servant à l'alimentation de l'homme ou des animaux, des substances médicamenteuses, des boissons et des produits agricoles ou naturels, destinés à être vendus ;

2°. — Ceux qui exposeront, mettront en vente, ou vendront des denrées servant à l'alimentation de l'homme ou des animaux, des boissons ou des produits agricoles ou naturels, qu'ils *sauront* être falsifiés, ou corrompus, ou toxiques ;

3°.— Ceux qui exposeront, mettront en vente ou vendront des substances médicamenteuses falsifiées ;

4°.— Ceux qui exposeront metteront en vente ou vendront, sous forme indiquant leur destination, des produits propres à effectuer la falsification des denrées servant à l'alimentation de l'homme ou des animaux, des boissons et des produits agricoles ou naturels et ceux qui auront provoqué à leur emploi par le moyen de brochures, circulaires, prospectus, affiches, annonces ou instructions quelconques.

Si la substance falsifiée ou corrompue est nuisible à la santé de l'homme ou des animaux ou si elle est toxique, ou même si la substance médicamenteuse falsifiée est nuisible à la santé de l'homme ou des animaux, l'emprisonnement devra être appliqué. Il sera de trois mois à deux ans et l'amende cinq cents francs (500 fr.) à dix mille francs (10.000 fr.).

Ces peines seront applicables même au cas où la falsification nuisible serait connue de l'acheteur ou du consommateur.

Les dispositions du présent article ne sont pas applicables aux fruits frais et légumes frais fermentés ou corrompus.

ART. 4. — Seront punis d'une amende de cinquante francs (50 fr.) à trois mille francs (3.000 fr.) et d'un emprisonnement de 6 jours au moins et de 3 mois au plus, ou de l'une de ces 2 peines seulement :

Ceux qui, sans motif légitime, seront trouvés détenteurs dans leurs magasins, boutiques, ateliers, maisons ou voitures, servant à leur commerce, ainsi que dans les entrepôts, abattoirs et leurs dépendances et dans les gares ou dans les halles, foires et marchés ;

Soit de poids ou de mesures faux ou autres appareils inexacts servant au pesage ou au mesurage des marchandises ;

Soit de denrées servant à l'alimentation de l'homme ou des animaux, de boissons, de produits agricoles ou naturels qu'ils *savaient* être falsifiés, corrompus ou toxiques ;

Soit de substances médicamenteuses falsifiées.

Soit de produits, sous forme indiquant leur destination propre à effectuer la falsification des denrées servant à l'alimentation de l'homme ou des animaux, ou des produits agricoles ou naturels.

Si la substance alimentaire falsifiée ou corrompue est nuisible à la santé de l'homme ou des animaux ou si elle est toxique, de même si la substance médicamenteuse falsifiée est nuisible à la santé de l'homme ou des animaux, l'emprisonnement *devra être appliqué.*

Il sera de trois mois à un an et l'amende de cent francs (100 fr.) à cinq mille francs (5.000 fr.).

Les dispositions du présent article ne sont pas applicables aux fruits frais et légumes frais *fermentés ou corrompus.*

ART. 5. — Sera considéré comme étant en état de récidive légale quiconque ayant été condamné par application de la présente loi ou par application des lois sur les fraudes dans la vente :

1°. — Des engrais (loi du 4 février 1888).

2°. — Des vins, cidres et poirés (loi des 14 août 1889, 11 juillet 1891, 21 juillet 1894, 6 avril 1897) ;

3°. — Des sérums thérapeutiques (loi du 25 avril 1895) ;

4°. — Des beurres (loi du 16 avril 1897) ;

5°— De la saccharine (art. 49 et 53 de la loi du 30 mars 1902)

6°— Des sucres (loi du 28 janvier 1903, art. 7 ; loi du 31 mars 1903, art. 32) ;

Aura dans les *5 ans* qui suivront la date à laquelle cette condamnation sera devenue définitive, commis un nouveau délit tombant sous l'application de la présente loi ou des lois sus-visées.

Au cas de récidive, les peines d'emprisonnement et d'affichage devront être appliquées.

ART. 6. — Les objets dont les ventes, usage ou détention constituent le délit, s'ils appartiennent encore au vendeur ou détenteur seront confisqués ; les poids et autres instruments de pesage, mesurage ou dosage, faux ou inexacts, devront être aussi confisqués, et de plus *seront brisés.*

Si les objets confisqués sont utilisables, le tribunal pourra les mettre à la disposition de l'Administration, pour être attribués aux établissements d'assistance publique.

S'ils sont inutilisables ou nuisibles, les objets seront détruits ou répandus aux frais du condamné.

Le tribunal pourra ordonner que la destruction ou effusion aura lieu devant l'établissement ou le domicile du condamné.

ART. 7. — Le tribunal pourra ordonner, dans tous les cas, que le jugement de condamnation sera publié intégralement ou par extraits dans les journaux qu'il désignera, et affiché dans les lieux qu'il indiquera, notamment aux portes du domicile, des magasins, usines et ateliers du condamné, le tout aux frais du condamné, sans toutefois que les frais de cette publication puissent dépasser le maximum de l'amende encourue.

Lorsque l'affichage sera ordonné, le tribunal fixera les dimensions de l'affiche et les caractères typographiques qui devront être employés pour son impression.

En ce cas, et dans tous les autres cas où les tribunaux sont autorisés à ordonner l'affichage de leur jugement à titre de pénalité pour la répression des fraudes, ils devront fixer le temps pendant lequel cet affichage devra être maintenu, sans que la durée puisse en excéder sept jours.

Au cas de suppression, de dissimulation, ou de lacération totale ou partielle des affiches ordonnées par le jugement de condamnation, il sera procédé de nouveau à l'exécution intégrale des dispositions du jugement, relatives à l'affichage.

Lorsque la suppression, la dissimulation, ou la lacération totale ou partielle, aura été opérée volontairement par le condamné, à son instigation ou par ses ordres, elle entraînera contre celui-ci l'application d'une peine d'amende de cinquante francs (50 francs) à mille francs (1.000 francs).

La récidive de suppression, de dissimulation ou de lacération volontaire d'affiches par le condamné, à son instigation ou par ses ordres, sera punie d'un emprisonnement de 6 jours à un mois et d'une amende de cent francs (100 francs) à deux mille francs (2.000 francs).

Lorsque l'affichage aura été ordonné à la porte des magasins du condamné, l'exécution du jugement ne pourra être entravée par la vente du fonds de commerce réalisée postérieurement à la première décision qui a ordonné l'affichage. .

ART. 8. — Toute poursuite exercée en vertu de la présente loi devra être continuée et terminée en vertu des mêmes textes.

L'article 463 du code pénal sera applicable même au cas de récidive, aux délits prévus par la présente loi.

Le tribunal, en cas de circonstances atténuantes, pourra ne pas ordonner l'affichage et ne pas appliquer l'emprisonnement.

Le sursis à l'exécution des peines d'amendes édictées par la présente loi ne pourra être prononcé en vertu de la loi du 26 mars 1891.

ART. 9. — Les amendes prononcées en vertu de la présente loi seront réparties d'après les règles tracées à l'article 11 de la loi de finances du 26 décembre 1890, modifiées par l'article 45 de la loi de finances du 29 avril 1893 et par l'article 83 de la loi de finances du 13 avril 1898.

Les délinquants condamnés aux dépens auront à acquitter, de ce chef, en dehors des frais ordinaires et au profit des communes, les frais d'expertise engagés par ces dernières lorsqu'elles auront pris l'initiative de déceler la fraude et d'en saisir la justice (laboratoires municipaux).

La commission départementale, peut, sur la proposition du Préfet, accorder aux communes qui auront organisé une police municipale alimentaire, des subventions prélevées sur le reliquat disponible du fonds commun.

ART. 10. — En cas d'action pour tromperie ou tentative de tromperie sur l'origine des marchandises, des denrées alimentaires ou des produits agricoles et naturels, le magistrat instructeur ou les tribunaux pourront ordonner la production des registres et documents des diverses administrations et notamment celles des Contributions indirectes et des entrepreneurs de transports.

ART. 11. — Il sera statué par des règlements d'administration publique, sur les mesures à prendre pour assurer l'exécution de la présente loi, notamment en ce qui concerne :

1°. — La vente, la mise en vente, l'exposition et la détention des denrées, boissons, substances et produits qui donneront lieu à l'application de la présente loi ;

2°. — Les inscriptions et marques indiquant soit la *composition*, *soit l'origine des marchandises, soit les appellations régionales et de crus particuliers que les acheteurs pourront exiger sur les factures, sur les emballages ou sur les produits eux-mêmes*, à titre de garantie de la part des vendeurs, ainsi que les indications extérieures ou apparentes nécessaires pour assurer la loyauté de la vente et de la mise en vente ;

3°. — Les formalités prescrites pour opérer des *prélèvements d'échantillons* et procéder contradictoirement aux expertises sur les marchandises suspectes ;

4°. — Le choix des *méthodes d'analyse* destinées à établir la composition, les éléments constitutifs et la teneur en principes utiles des produits ou à reconnaître leur falsification ;

5°. — *Les autorités qualifiées pour rechercher et constater les infractions* à la présente loi, ainsi que les *pouvoirs qui leur seront conférés* pour recueillir des éléments d'informations auprès des diverses administrations publiques, des concessionnaires de transports.

ART. 12. — Toutes les expertises nécessitées par l'application de la présente loi *seront contradictoires* et le prix des échantillons reconnus bons sera remboursé d'après leur valeur, le jour du prélèvement.

ART. 13. — Les infractions aux prescriptions des règlements d'administration publique, pris en vertu de l'article précédent, seront punies d'une amende de seize francs (16 francs) à cinquante francs (50 francs).

Au cas de récidive dans l'année de la condamnation, l'amende sera de cinquante francs (50 francs) à cinq cents francs (500 francs).

Au cas de nouvelle infraction constatée dans l'année qui suivra la deuxième condamnation, l'amende sera de cinq cents francs (500 fr.) à mille francs (1.000 francs) et un emprisonnement de six jours à quinze jours pourra être prononcé.

ART. 14. — L'article 423, le paragraphe 2 de l'article 477 du Code pénal, la loi du 27 mars 1851, tendant à la répression plus efficace de certaines fraudes dans la vente des marchandises, sont abrogés.

Néanmoins, les incapacités électorales édictées par la loi du 24 janvier 1898, continueront à être appliquées comme conséquence des peines prononcées en vertu de la présente loi.

ART. 15. — Les pénalités de la présente loi et ses dispositions en ce qui concerne l'affichage et les infractions aux règlements d'administration publique rendus pour son exécution, sont applicables aux lois spéciales concernant la répression des fraudes dans le commerce des engrais, des vins, cidres et poirés, des sérums thérapeutiques, du beurre et de la margarine. Elles sont substituées aux pénalités et dispositions de l'article 423 du Code pénal et de la loi du 27 mars 1851, dans tous les cas où les lois postérieures renvoient aux textes des dites lois, notamment dans les :

Article 1 de la loi du 28 juillet 1824, sur l'altération des noms ou supposition de noms, sur les produits fabriqués ;

Articles 1 et 2 de la loi du 4 février 1888, concernant la répression des fraudes dans le commerce des engrais ;

Article 7 de la loi du 14 août 1889, 2 de la loi du 11 juillet 1891 et 1 de la loi du 24 juillet 1894, relatives aux fraudes commises dans la vente des vins ;

Article 3 de la loi du 25 avril 1895, relative à la vente des sérums thérapeutiques ;

Article 3 de la loi du 6 avril 1897, concernant les vins, cidres et poirés ;

Articles 17, 19 et 20, de la loi du 16 avril 1897, concernant la répression de la fraude dans le commerce du beurre et de la fabrication de la margarine.

La pénalité d'affichage est rendue applicable aux infractions prévues et punies par les articles 49 et 53 de la loi de finances, du 30 mars 1902, 6 de la loi du 28 janvier 1903, 32 de la loi de finances du 31 mars 1903 et par les articles 2 et 3 de la loi du 18 juillet 1904.

ART. 16. — La présente loi est applicable à l'Algérie et aux colonies.

La présente loi délibérée et adoptée par le Sénat et par la Chambre des Députés, sera exécutée comme loi de l'Etat.

Fait à Paris, le 1er août 1905.

**

Dès son apparition, cette loi, votée un peu hâtivement peut-être et avec le souci trop évident de donner satisfaction à l'hygiéniste, dont il est question au début de ce rapport, fût combattue par les négociants en Vins et Spiritueux surtout, dont les intérêts, et souvent l'honorabilité se trouvaient exposés aux caprices de la chimie officielle, trop sujette encore à erreurs, comme l'on sait.

Le négociant de Cognac pouvait être accusé et *condamné* pour une eau-de-vie de vin pure, mais que le laboratoire aurait déclarée douteuse.

L'importateur de rhum et le fabricant de kirsch, pouvaient être également exposés aux mêmes ennuis.

Mais le commerce des vins était surtout troublé par les articles de cette loi, qui l'enserrent dans des limites trop étroites en ce qui concerne les noms à donner aux vins qu'il vend, et l'empêchent de travailler avec confiance.

Il serait trop long de suivre nos amis Bordelais et Bourguignons, dans la défense très intelligente de leurs intérêts ; ce serait sortir de notre cadre et déjà notre travail est trop volumineux.

Le Syndicat National a conduit la campagne contre cette nouvelle loi, avec une énergie et un dévouement dignes du succès. Son influence s'est fait sentir auprès de la commission extra-parlementaire chargée d'élaborer le règlement d'administration publique, destiné à préciser et , espérons-nous,à adoucir les différents articles de cette loi, dont l'application semble parfois impossible et souvent contraire au but poursuivi.

Le questionnaire adressé aux Syndicats professionnels et aux Chambres de Commerce par le Ministre de l'Agriculture, en vue du règlement d'Administration publique a été l'objet d'une étude approfondie et dans une grande réunion du Syndicat National magistralement présidée par son président, notre collègue M. A. Mandeix, et à laquelle assistaient des représentants de la Commission extra-parlementaires ; les négociants et distillateurs français ont discuté leurs intérêts et étudié les réponses à faire à tous ces questionnaires, afin d'obtenir si possible l'adoucissement de la loi, et une interprétation plus en rapport avec la pratique des affaires.

Voici le travail qui intéresse les liqueurs :

1

Quels sont les pro-
cédés et les produits
employés pour la fa-
brication des sirops ?
Des liqueurs ?

Les sirops obtenus par dissolution à chaud de sucre dans l'eau, sont parfumés avec les matières les plus variées, par exemple l'eau de fleur d'oranger, la vanille, l'amande, le café, les jus de fruits conservés (cerises, groseilles framboises, etc.), les zestes de citron et d'orange. Les sirops sont colorés soit avec des jus de fruits (comme la merise), soit au moyen des colorants autorisés par l'ordonnance du 31 décembre 1890 ; enfin, certains sirops sont acidulés au moyen d'acide citrique ou tartrique. Les proportions de ces divers éléments sont très variables.

Les liqueurs sont faites par un mélange de sucre, alcool, parfums et colorants, en proportions essentiellement différentes. On emploie généralement du sucre de betterave et parfois du sucre de canne, du glucose, du caramel ou du miel. Les alcools employés dans les liqueurs ont les origines les plus variées ; en outre des alcools d'industrie, on se sert des alcools de vin, des kirschs, rhums, quetsch, etc.... Les parfums et colorants sont extrêmement nombreux ; ils sont obtenus par macération, infusion, décoction, distillation à l'eau et à l'alcool des matières les plus diverses, telles que : fleurs, racines, plantes, graines, fruits, résines, etc. ..

Enfin, les liqueurs sont colorées au moyen de caramel, d'infusions de fruits et de plantes ou de matières colorantes autorisées par l'ordonnance du 31 décembre 1890. *La coloration des liqueurs et sirops est réglementée* par des ordonnances du Préfet de Police de 1862-1881-1883-1890 ; ces ordonnances indiquent les colorants autorisés et défendus et la dernière en désigne un certain nombre qui peuvent être employés pour colorer certaines liqueurs qui ne sont pas naturellement colorées, telles que la menthe verte, etc.

Il existe cependant des liqueurs, comme la fraise, dont la coloration naturelle est trop faible pour qu'on puisse la livrer telle quelle à la consommation ; nous ne voyons pas de raison pour qu'on ne puisse renforcer la couleur naturelle insuffisante d'une liqueur, avec les produits autorisés pour colorer une liqueur blanche, qui nécessitera évidemmont plus de colorant que la première.

En résumé, nous voudrions que le règlement d'administration publique étende à toute la France les dispositions des ordonnances de police, d'une façon un peu plus libérale, si c'est possible, et en indiquant d'une manière précise les différents produits autorisés et défendus, pour la coloration des liqueurs et sirops.

II

Y auralt-il des procédés ou des produits qui devraient être prohibés ?

Nous voyons à prohiber les produits dangereux pour la santé publique, comme la saccharidé et l'acide salycilique et les parfums synthétiques ou essences artificielles.

III

Pour assurer la loyauté des ventes et des mises en vente, quelles sont les inscriptions, les marques, les indications extérieures ou apparentes qu'il y aurait lieu d'exiger sur les papiers de commerce, sur les emballages, sur les récipients placés dans les locaux de mise en vente ou d'exposition, pour indiquer l'origine ou la provenance des sirops et liqueurs ?

Aucune inscription ne doit être exigée.

Les liqueurs sont en effet des produits composés avec des éléments d'origines diverses, et ne peuvent être soumises aux mêmes réglementations que les produits naturels. Le consommateur sait qu'il achète un produit fabriqué et fait foi dans son vendeur ou dans la marque apposée sur la bouteille. Agir autrement serait porter atteinte aux secrets de la fabrication qui sont la base de la fabrication et du commerce des liqueurs.

IV

Existerait-il des produits préparés dont la vente ferait une concurrence déloyale aux sirops et liqueurs de votre région ?
Les mentionner.

Il se vend des produits très concentrés pour faire des liqueurs et sirops à froid ; il faudrait ne laisser vendre ces produits que si le fabricant les garantissait d'une façon formelle comme extraits uniquement de plantes, graines, fruits, etc , et ne renfermant aucun produit synthétique ou essence artificielle.

Ces produits doivent être d'autant plus prohibés, qu'ils donnent lieu à un des modes d'emploi les plus usités et les plus faciles des alcools de fraude, qui vont être de nouveau si abondants, avec le rétablissement du privilège des bouilleurs de cru.

V

Y aurait-il d'autres moyens qui devraient être inscrits dans le règlement d'administration publique pour garantir la loyauté des transactions commerciales ou pour éviter aux acheteurs des confusions sur l'authenticité des produits ?

Nous proposerions pour les sirops les dénominations suivantes :

1° — *Sirops garantis pur sucre :* Comprenant les sirops pur sucre faits exclusivement avec des jus de fruits ou parfums réellement tirés de fleurs, plantes, fruits ou autres produits naturels.

2° — *Sirops fantaisie :* Comprenant les sirops faits de la même manière que les précédents, mais contenant du glucose. Cette catégorie n'a plus guère d'intérêt maintenant, car depuis la diminution des droits sur les sucres. le sirop de glucose coûte plus cher que le sirop de sucre.

En ce qui concerne les *liqueurs*, toutes celles qui seraient faites avec des plantes, graines, fruits, etc., ou avec des produits en provenant certainement, seraient vendues sans désignation spéciale.

Dans le cas où les produits synthétiques ne seraient pas prohibés, nous demanderions que les sirops et liqueurs où il entrerait de ces produits, soient vendus sous la dénomination de sirops et liqueurs *chimiques*. Il ne nous paraît pas possible. en effet, de laisser étiqueter : Groseille ou Fraise, des sirops et liqueurs ne contenant pas trace de ces fruits.

Nous demandons en outre :

1°. — Que la grosseur des caractères employés pour les désignations de *fantaisie* ou autres, soit réglementée proportionnellement à la grosseur des caractères du mot principal de l'étiquette.

2°. — Qu'on nous accorde un certain délai pour l'écoulement des étiquettes en magasin et des marchandises qui sont chez nos clients.

Comme on le voit, la situation, pour notre Industrie, n'est pas embarrassante. Il n'en est pas de même pour les eaux-de-vie et les vins de liqueur, qui sont très gênés à cause des produits à bon marché qu'ils sont obligés de livrer à leurs clients, produits de qualité secondaire, mais non toujours de mauvaise qualité ou nuisible, comme cela a été si souvent affirmé par les hygiénistes et leurs avocats.

On ne peut en effet priver le commerce courant du bénéfice de la vente des eaux-de-vie de Cognac, par exemple, telle qu'elle est pratiquée aujourd'hui dans presque toute la France.

Il sera facile pensons-nous de démontrer qu'à côté des cognacs garantis purs, le commerce de détail a besoin d'acheter et d'offrir à sa clientèle des cognacs de qualité moindre que les cognacs purs, dont les prix coutants sont établis suivant les prix de vente à la consommation. Dans ces conditions, l'assemblée a donné mandat au représentant de la Commission, qui se trouvait présent, de demander à la Commission qu'on puisse appeler des cognacs dans lesquels il entre un mélange d'alcool, de coloration au caramel, et même une légère addition de sucre, *cognacs de fantaisie.*

Le même raisonnement a été tenu pour les rhums ainsi que pour les kirschs.

En résumé, on pourrait si les vœux de cette réunion étaient adoptés appeler et présenter comme cognac ce que l'on pourrait garantir comme cognac pur et joindre l'épithète *Cognac de fantaisie* pour les mélanges en usage dans le commerce, a condition que rien, dans le mélange, ne puisse être considéré comme nuisible à la santé publique.

Dans aucun cas, cependant, les rhums, kirschs, cognacs ne doivent être un produit dans lequel entre une essence synthétique. On devra les appeler alors, s'ils sont admis, cognacs, kirschs, rhums (chimiques).

Quant aux vins de liqueur tout le monde sait qu'il n'est pas employé, dans le commerce, que des vins de Malaga, provenant de Malaga même ; des madères, de l'île de Madère ; des Porto, de Porto même, mais que certaines contrées de la France fabriquent, avec d'excellent vin il vrai, des vins qui se rapprochent des Malaga, des Madère, des Porto, etc.

Dans ce cas, nous avons demandé à la Commission extra-parlementaire, qu'on soit obligé d'indiquer : Vin français, type Malaga, type Madère, etc., etc., ou bien : Vin de liqueur, type Malaga, type Madère, etc., etc. L'origine serait ainsi respectée et l'acheteur ne serait pas trompé sur la qualité du produit.

En ce qui concerne les eaux-de-vie , voici d'une façon générale ce qu'on peut dire des eaux-de-vie fabriquées dans le pays d'Anjou.

Les eaux-de-vie de vin d'Anjou sont bonnes et, lorsqu'elles sont faites avec de bons appareils, bien conduits , on fait une qualité qui peut être considérée comme équivalente à bien des Charentes fins bois ; elles ont même une sève plus accentuée.

Les vins de Pinots secs donnent la meilleure eau-de-vie, les vins de Folles donnent une eau-de-vie moins fine.

La propriété seule distille les marcs et les lies ; ces eaux-de-vie sont rarement faites avec des appareils perfectionnés, de là leur goût très empyreumatique et même désagréable.

En résumé, il en est des eaux-de-vie de vins comme pour les vins elles doivent être vendues pour ce qu'elles sont : ou pures ou mélangées.

PRIVILÈGE DES BOUILLEURS DE CRU

Il est certain que tout cela va jeter une pertubation profonde dans tout le commerce des vins et spiritueux, déjà bien éprouvé cependant depuis le vote de la loi Caillaux, par l'augmentation des licences et des patentes ; pressuré de tous les côtés par on peut se demander avec inquiétude ce qui va résulter de tout cela pour lui.

Nous craignons que, dans certaines régions surtout les Négociants ne puissent supporter le poids de toutes les charges qui les accablent, surtout maintenant que le privilège des bouilleurs de cru vient d'être rétabli.

Ce privilège des bouilleurs de cru a fait déjà couler beaucoup d'encre et les questions si délicates qu'il soulève, ont été envisagées sous toutes leurs formes. Nous demandons cependant la permission d'y revenir en quelques lignes.

Les bouilleurs de cru et leurs partisans *(députés pour la plupart qui cherchent la popularité parce que les bouilleurs sont nombreux et influents)* disent :

Vous ne pourrez empêcher un propriétaire récoltant de faire de sa récolte l'usage qu'il lui plaît. Soit la vendre en nature, soit la transformer en alcool, soit même si tel est son plaisir, la laisser perdre...

Et il semble à première vue avoir raison, car le droit de propriété est et doit rester inattaquable dans toute société bien organisée. Nous sommes donc jusqu'à présent absolument d'accord avec les partisans des bouilleurs de cru, quoique cependant nous ne pouvons nous empêcher de remarquer que ce qui est permis aux propriétaires de vignes, de pommiers, poiriers, pruniers, cerisiers, etc., est interdit aux propriétaires de pommes de terre, orge, betteraves, maïs, etc.

Ce qui nous divise et nous gêne, c'est que, sous le couvert du privilège des bouilleurs de cru, beaucoup de propriétaires se livrent à la fraude, sur toute l'étendue du territoire. L'alcool qu'ils fabriquent échappant au contrôle de la Régie, peut circuler impunément, sans acquitter de droits, si le détenteur trouve le moyen de le rendre chez le consommateur sans que la Régie s'en aperçoive. On conviendra que cela est facile, soit la nuit, soit au moyen de combinaisons souvent très ingénieuses.

Le commerce honnête, qui paie de lourdes patentes et de non moins lourdes licences ne peut pas lutter contre son concurrent propriétaire, qui livre sa marchandise au consommateur sans que ce dernier ait de droits à acquitter, soit avec une différence de 1 franc à 1 fr. 50 par litre, quelquefois davantage.

Il y perd doublement ce malheureux commerce patenté, parce que le Trésor voyant de ce fait ses recettes diminuer, et partant de ce principe que la loi des boissons doit se suffire à elle-même, se tournera de nouveau vers lui et, par des centimes additionnels nouveaux, surtaxes d'octroi, ou une nouvelle augmentation de patente, lui fera supporter encore plus lourdement la petite injustice que nos honorables consacrent en maintenant le privilège des bouilleurs de cru, le seul qui ait résisté à toutes les révolutions.

Et cela est si vrai, que nous avons vu ce fait se produire, lorsque M. Rouvier, par son énergique intervention, fît voter, par la Chambre et le Sénat la réglementation du privilège des bouilleurs de cru, les recettes des impôts indirects sur l'alcool, monter dans des proportions considérables et passer du déficit qu'elles accusaient à un excédent marqué et très important sur toutes les prévisions, même les plus optimistes.

Il est donc urgent que le législateur comprenne enfin qu'il doit s'intéresser aussi à l'Industriel et au Négociant qui apportent au Trésor la plus grande partie des ressources et répandent au dehors le bon renom de la France.

Cela est d'autant plus nécessaire que la lutte est de plus en plus ardente et que la concurrence étrangère dispute avec plus d'apreté la possession des marchés du monde.

LOI CAILLAUX

Nous avons parlé de la Loi Caillaux ; il est nécessaire que nous en disions un mot ici, car elle fut la cause d'une profonde transformation dans les affaires qui nous intéressent.

Elle fût mise en application le 1ᵉʳ janvier 1901.

Avant cette époque les vins payaient un droit de circulation de :

1 fr. » par hectolitre pour la 1ʳᵒ zone
1 fr. 50 par hectolitre pour la 2ᵉ zone
2 fr. » par hectolitre pour la 3ᵉ zone

plus un droit d'octroi qui variait suivant les villes, leur importance ou leur situation financière.

Enfin, les débitants étaient soumis à l'exercice, c'est-à-dire qu'ils devaient se soumettre aux recensements des employés de la régie ; mais ils avaient cet avantage de ne payer les droits que sur les liquides consommés.

Depuis la loi Caillaux, les vins ne paient plus qu'un droit uniforme de circulation de 1 fr. 50, ce qui est encore un bénéfice pour le Trésor puisque la première zone, qui ne payait qu'un franc, comprenait les départements producteurs de vins où, par conséquent il en circule beaucoup, quand au contraire la 3ᵉ, qui seule a été dégrévée, ne comprenait que ceux où la consommation du vin était la moins importante.

Quand aux droits d'octroi qui atteignaient souvent, dans certaines agglomérations, un chiffre important, il a été supprimé ou a peu près puisqu'il ne peut dépasser 3 fr. 50 par hecto. Il en a été de même pour les cidres, poirés, bières, et toutes boissons dites hygiéniques.

Ce fût là une très bonne mesure à laquelle tout le monde applaudit, car elle dégrevait des boissons absolument indispensables à l'existence.

Mais par contre les licences furent augmentées et les droits sur l'alcool furent élevés à 220 fr. par hectolitre à 100° au lieu de 156 fr. 25 perçus avant le 1ᵉʳ janvier 1901, les droits d'octroi dans toutes les villes furent augmentés, afin de couvrir le déficit qui allait résulter du dégrèvement sur les boissons hygiéniques, et même au delà, car on est toujours à court de ressources.

Et... enfin l'exercice fût supprimé chez les débitants, mais par contre ils furent obligés d'acquitter les droits sur toutes les marchandises qu'ils recevaient.

Ces deux dernières mesures jetèrent le plus grand trouble dans le commerce de vins et spiritueux, gros et détail.

En effet :

Dès le 1er janvier 1901 tous les magasins de détail existant en France, furent recensés par les employés de la Régie et il fallut payer intégralement les droits de régie et d'octroi sur les restes en magasin, ce qui occasionna une gêne très grande pour beaucoup, pendant de longs mois et même, dans bien des cas, des déconfitures.

Disons à ce sujet en passant que si les nouveaux droits de régie et d'octroi furent exigés sur les alcools, il ne fût jamais question de rembourser ceux qui avaient été perçus en trop sur les vins, ce qui aurait été logique cependant.

Enfin, il fallut recourir à des combinaisons pour satisfaire tout de même le consommateur qui ne voulait pas payer plus cher son verre d'alcool (nous voulons parler ici de l'ouvrier, car le client habituel des grands cafés fut vite habitué à payer sa consommation dalcool 0 fr. 10 de plus).

On réduisit la contenance du verre, le degré d'alcool et aussi, et surtout, la qualité du produit...

Cette loi, qui avait été votée parce qu'on avait fait ressortir ses bienfaits au point de vue de l'hygiène, allait donc ainsi contre son but.

De plus, le résultat a été déplorable au point de vue des finances de la France et c'est pour en atténuer les effets fâcheux, que le Parlement avait voté, à la suite de l'énergique campagne menée à ce sujet par M. Rouvier et les Syndicats des Négociants en liquides, la réglementation du privilège des bouilleurs de cru. Cette mesure juste rétablit aussitôt l'équilibre rompu et permit au Trésor de retrouver les ressources perdues.

Ce privilège est maintenant rétabli sans contrôle, le déficit qui avait été comblé par sa suppression, va donc de nouveau reparaître et il faudra de toute nécessité que nos parlementaires le suppriment à nouveau s'ils ne veulent pas sacrifier les intérêts du pays, au bénéfice des fraudeurs.

COLORANTS ARTIFICIELS

Nous avons parlé précédemment des colorants artificiels et nous exprimions notre regret de voir remplacer par des produits chimiques, les anciennes couleurs employées dans la fabrication des liqueurs.

Ces couleurs chimiques sont d'un emploi beaucoup plus facile c'est vrai ; mais souvent nous avons dû constater qu'elles n'étaient pas exemptes de reproches au point de vue de la santé publique. Des accidents graves se sont produits et les pouvoirs publics ont dû établir des réglements très rigoureux, pour déterminer et défendre l'emploi de certaines substances dangereuses, soit dans la coloration des bonbons et liqueurs, soit dans la composition de certaines teintes destinées à colorer des papiers d'emballages.

Ces règlements sont :

Ordonnances du Préfet de Police, des 15 juin 1862, 21 mai 1885, 5 février 1889, 31 décembre 1890.

Nous donnons ci-dessous le texte de cette dernière, qui donne, en même temps que la nomenclature des produits défendus, la liste de ceux qu'il est permis d'utiliser.

Ordonnance du Préfet de police du 31 décembre 1890, concernant la coloration des substances alimentaires, les papiers et cartons servant à les envelopper et les vases destinés à les contenir.

Vu: 1° Les lois des 16-24 août 1790 et 22 juillet 1791 ;

2° Les arrêtés des Consuls des 12 messidor an VIII et 3 brumaire an IX et la loi du 7 août 1850 ;

3° Les ordonnances de Police des 21 mai 1885 et 5 février 1889 ;

4° Les circulaires ministérielles des 17 décembre 1888 et 16 janvier 1889, relatives à l'emploi des feuilles d'étain, pour envelopper les substances alimentaires ;

5° L'avis émis par le Comité consultatif d'hygiène public de France et les instructions de M. le Ministre de l'Intérieur des 7 mai 1889, 29 août et 29 septembre 1890, ordonne ce qui suit:

Article premier. — L'emploi des couleurs ci-après désignées est interdit pour la coloration de toute substance entrant dans l'alimentation à quelque titre que ce soit :

Couleurs minérales

Composés de cuivre. — Cendres bleues, bleu de montagne.

Composés de plomb. — Massicot, minium, mine orange.

Carbonates de plomb. — Blanc de plomb, céruse, blanc d'argent.

Oxychlorures de plomb. — Jaune de Cassel, jaune de Turner, jaune de Paris.

Antimoniate de plomb. — Jaune de Naples.

Sulfate deplomb.

Chromates de plomb. — Jaune de chrome, jaune de Cologne.

Chromate de baryte. — Outremer jaune.

Composés d'arsenic. — Arsénite de cuivre, vert de Scheele, vert de Schweinfurt.

Sulfure de mercure. — Vermillon.

Couleurs organiques

Gomme gutte. — Aconit Napel.

Matières colorantes dérivées des goudrons de houille, telles que fuchsine, le bleu de Lyon, flavaniline, bleu de méthylène, phtaléines et leurs dérivés substitués, éosine, érythrosine.

Matières colorantes renfermant au nombre de leurs éléments la vapeur nitreuse, telles que jaune de naphtol, jaune Victoria.

Matières colorantes préparées à l'aide de composés diazoïques, telles que tropéolines, rouges de xylidines.

Art. 2. — A titre exceptionnel, il est permis d'employer pour la coloration des bonbons, des pastillages, des sucreries, des glaces, des pâtes de fruits et de certaines liqueurs qui ne sont pas naturellement colorées, telle que la menthe verte, les couleurs ci-après dérivées des goudrons de houille, en raison de leur emploi restreint et de la très minime quantité de substances colorantes que ces produits renferment.

Couleurs roses

Eosine (tétrabromo-fluoreisceine).

Erythrosine (dérivés méthylés et éthylés de l'éosine.

Rose bengale, Ploxine (dérivés iodés et bromés de la fluoresceine chlorée).

Rouges de Bordeaux, ponceau (résultant de l'action des dérivés sulfo-conjugés du naphtol sur les diazoxylènes).

Fuchsine acide (sans arsenic et préparée par le procédé Coupier).

Couleurs jaunes

Jaune acide, etc. (dérivés sulfo-conjugués du naphtol).

Couleurs bleues

Bleu de Lyon, bleu lumière, bleu Coupier, etc. (dérivés de la rosaniline triphélinée ou de la diphnénylamine).

Couleurs vertes

Mélange de bleu et de jaune ci-dessus.
Vert malachite (éther chlorhydrique du tétraméthyldiamidotri-
phénylcarbinol).

Couleurs violettes

Violet de Paris ou de méthylaniline.

Art. 3. — L'emploi des couleurs ci-après désignées est interdit pour
la coloration des papiers et cartons servant à envelopper toute substance entrant dans l'alimentation, de quelque nature qu'elle soit.

Couleurs minérales :

Composés de cuivre. — Cendres bleues, bleu de montagne.
Composés de plomb. —Massicot, minium, mine orange.
Carbonates de plomb. — Blanc de plomb, céruse blanc d'argent.
Oxychlorures de plomb. — Jaune de Cassel, jaune de Turner, jaune
de Paris.
Antimoniate de plomb. — Jaune de Naples.
Sulfate de plomb.
Chromates de plomb. — Jaune de chrome, jaune de Cologne.
Chromate de baryte. — Outremer jaune.
Composés d'arsenic. — Arsénite de cuivre, vert de Scheele, vert de
Schweinfurt.

Couleurs organiques :

Gomme gutte. Aconit Napel.
Art. 4. — Il est interdit d'employer des feuilles d'étain plombifère
pour envelopper les fruits, les confiseries, les chocolats, les fromages,
les saucissons, la chicorée, et d'une manière générale, toutes substances entrant dans l'alimentation.
Les feuilles d'étain destinées à cet usage devront être constituées par
un alliage contenant au moins 97 0/0 d'étain dosé à l'état d'acide métastannique. Cet alliage ne devra pas renfermer plus de 1/2 0/0 de

plomb (0.50 pour 100 grammes), et 1/10.000 d'arsenic (1 centigramme pour 100 grammes).

Art. 5. — Il est interdit d'employer à l'étamage ou au rétamage des vases et ustensiles servant aux usages alimentaires, des bains qui ne contiendraient pas au moins 97 0/0 d'étain dosé à l'état d'acide métastannique ou qui renfermeraient plus de 1/2 0/0 de plomb (0.50 pour 100 grammes), ou plus de 1/10.000 d'arsenic (1 centigramme pour 100 grammes).

Art. 6. — Il est interdit de fabriquer les vases et ustensiles d'étain destinés à contenir ou à préparer des substances alimentaires avec un alliage contenant plus de 10 0/0 de plomb ou d'autres métaux qui se trouvent ordinairement alliés à l'étain du commerce ; il ne devra pas s'y trouver plus de 1/10.000 d'arsenic (1 centigramme pour 100 grammes).

Art. 7. — La mise en vente des produits, objets et ustensiles dont la fabrication est défendue par la présente ordonnance est interdite au même titre que cette fabrication.

Art. 8. — Les ordonnances de police des 21 mai 1885 et 5 février 1889 sont rapportées.

Art. 9. — Les contraventions à la présente ordonnance, qui sera publiée et affichée, seront poursuivies, conformément à la loi, devant les tribunaux compétents.

Classification générale des Liqueurs et Apéritifs

Revenons cependant à l'Exposition de Liège.

A vrai dire, nous n'avons pas trouvé de liqueurs nouvelles, sortant des grandes classifications que nous donnions en 1897 :

Liqueurs sucrées digestives

Liqueurs Hollandaises.
Liqueurs dites monastiques :
Bénédictine, Chartreuse (celle-ci beaucoup moins demandée depuis le départ des PP. Chartreux).
Les Anisettes de Bordeaux.
Les Curaçaos.
Les Triple-Sec

Liqueurs de fruits

Les cassis de Dijon et d'Anjou.
Le Ratafia de Grenoble.
Le Guignolet d'Angers.
et plus récemment :
Le Cherry-Brandy.
La liqueur de fraises.
La liqueur de framboises.
Ces deux dernières très demandées depuis quelques années, pour le mélange avec le Vermouth et surtout avec le vin blanc, qui est de plus en plus consommé sur les tables de nos cafés.

Liqueurs apéritives spiritueuses

Absinthe (celle-ci imitée de plus en plus et souvent mal fabriquée, pour satisfaire aux demandes de bas prix).
Bitter de Bordeaux.   } Tous très imités également.
Bitter du Havre (moins répandu). }
Les Amers.

Mais les vins apéritifs, qui étaient alors :
Les Vermouths de Turin.
Les Vermouths français, de Chambéry et de Marseille
Les Quinquinas.

Dont les principaux étaient :

Le Byrrh.

Le Dubonnet...

se sont multipliés à l'infini, les quinquinas surtout, qui ont augmenté dans des proportions extraordinaires — cherchant probablement à profiter du mouvement hygiéniste dont nous parlions plus haut — sans réussir cependant à attendrir l'ennemi impitoyable !

Les noms les plus divers ont été imaginés pour créer une confusion avec celui du Byrrh ou celui du Dubonnet, sans réussir cependant à entamer leur grande vogue...

On peut dire que les fabricants ont emprunté tous les noms du calendrier ou à peu près, pour baptiser leur marque, qu'elle soit à base de vin de Bordeaux, blanc ou rouge, de Madère, Malaga, Porto, Alicante, de Banyuls ou Frontignan, des vins de Bourgogne, ou plus ordinairement des Mistelles d'Espagne ou d'Algérie... Saint-Raphaël Quinquina, Quina Saint-Gilbert, Saint-Charles, Saint-Michel, Saint-Mickaël et Saint-Yves en Bretagne. Nous n'entreprendrons pas de les citer tous !...

Mais là encore, le fabricant français se montre supérieur à tous les autres et nous devons signaler un succès de plus à son actif dans la grande manifestation à laquelle nous venons d'assister.

LIQUEURS SUCRÉES

Liqueurs hollandaises. — Un nom vient immédiatement à la pensée quand on parle de liqueurs hollandaises..... Wynand Fockinck, la vieille maison centenaire qui, pendant de longues années a tenu le haut du pavé dans le monde entier pour la fabrication de ses Curaçaos, Cherry-Brandy, Koff, Anisettes.

Mais les temps sont bien changés depuis une vingtaine d'années.

Le distillateur français a réussi, à force d'énergie, de science, de soin dans sa fabrication, à force de dépenses aussi pour détourner le courant à son profit, à faire préférer ses liqueurs — les mêmes à peu près que celles de Fockinck, mais « modernisées »......

Curaçaos blancs, plus secs et plus agréables avec un parfum un peu différent.

Cherry-Brandy, plus fruité,etc.

Anisette de Bordeaux, si délicate de parfum et si agréablement douce.

Il s'est produit une chose très curieuse, c'est que,alors même que les liqueurs hollandaises bénéficiaient encore de leur grande vogue en France, la Hollande donnait la préférence aux produits français, et recevait des chargements de Curaçaos Triple-Sec, de Cherry-Brandy, de Menthe, etc.

Le dernier, notre pays a compris la supériorité de ses distillateurs et, si nous entendons demander parfois des liqueurs hollandaises à la table d'un café, nous sommes convaincus que cette demande est faite par pose..... disons le mot par snobisme.

Nous avons la grande satisfaction de voir que ce sont nos bonnes et grandes liqueurs qui sont consommés partout en majorité, et c'est vraiment justice, car il n'est pas possible de faire mieux. En effet :

L'ANISETTE DE BORDEAUX, de la grande Maison Marie-Brizard, est une délicieuse liqueur qui représente pour les Distillateurs une sorte d'idéal ! Sa qualité toujours impeccable lui vaut son succès qui s'accroit de jour en jour, et c'est justice !

Son antique réputation se maintient, et la Maison a compris depuis déjà longtemps que si la faveur du public avait été pendant de nombreuses années tout entière acquise aux liqueurs très douces et très sucrées, un goût nouveau s'était introduit dans le public pour les liqueurs plus sèches, moins sucrées mais tout aussi parfumées ; aussi a-t-elle fait une qualité « DRY » qui se partage avec sa liqueur douce la vogue des consommateurs.

Nous sommes heureux d'avoir obtenu de cette Maison des clichés représentant l'intérieur de son Hall de distillation, dont nous croyons qu'il est peut-être intéressant pour les lecteurs de ce rapport d'avoir sous les yeux la reproduction photographique exacte, qui donne bien une idée de la façon dont on sait organiser en France les grands laboratoires et les fabriques de liqueurs.

La Bénédictine. — Liqueur très spéciale, puisque l'Abbaye de Fécamp ne fabrique que ce seul produit, a continué son essor considérable sous la direction habile qui la répand dans le monde entier.

Elle est bien une véritable Spécialité et un grand exemple pour les distillateurs français. Elle fait une importante publicité, et offre le type d'une liqueur qui, sans être la Chartreuse, la peut remplacer en toutes occasions, et la remplace maintenant de plus en plus, depuis la mesure qui a été prise à l'égard des P. P. Chartreux.

Chartreuse. — Nous ne pouvons, dans un rapport sur les liqueurs françaises ne pas parler de la Chartreuse.

Nous ne voulons pas cependant rééditer la longue tartine que nous avions cru devoir lui consacrer dans notre rapport de Bruxelles 1897, mais il faut dire que cette liqueur si florissante a connu les jours sombres et que depuis deux ans, après l'épuisement de presque tous

Maison MARIE-BRIZARD & ROGER, Bordeaux. — Laboratoire

Maison MARIE BRIZARD & ROGER, Bordeaux. — Hall d'emballage et d'expédition

Liqueur Bénédictine

Vue générale des établissements à Fécamp

les stocks de vieille Chartreuse, elle a à peu près disparu de la consommation.

Nous disions en 1897 que tout distillateur fabriquant toutes les liqueurs s'efforçait d'en mettre en circulation une qui sous une appellation permise, s'en rapprochait le plus possible.

Chose singulière, depuis cette quasi disparition, les distillateurs français, qui auraient dû profiter de la circonstance pour s'ingénier et trouver une liqueur genre Chartreuse, de leur production, semblent avoir diminué leurs efforts, comme si, n'ayant plus la présence de la vieille chartreuse comme stimulant, ils abandonnaient eux-mêmes la partie. Il en est cependant d'excellentes que nous avons goûtées à l'Exposition de Liège, telles que l'Identique et la Gauloise, Elixir de Spa, Elixir d'Anvers, etc., etc., et enfin la Chartreuse du Liquidateur qui est fabriquée dans les locaux autrefois occupés par les R. P. Chartreux sur la Montagne de la Grande Chartreuse.

L'avenir dira si le Liquidateur a réussi.

Quant aux Chartreux eux-mêmes, ils ont dû quitter la France et aller installer leur Usine dans la province de Tarragone en Espagne.

Ils sont là dans un bon centre de production d'eau-de-vie de vin : ils ont repris leurs travaux et sous le nom de liqueur des P.P. Chartreux, on les voit réapparaître en France, grâce à une publicité intense et à un produit bien fabriqué.

Mais ils doivent subir les droits de douane à leur entrée chez nous, droits de douane qui portent leur prix de vente à un taux très élevé, laissant en tous cas aux distillateurs français qui travaillent une marge rémunératrice, pour conserver sur le marché français la position acquise par la disparition pendant deux années de la liqueur antique.

Les amateurs de la Chartreuse se sont habitués à la Bénédictine, à la Gauloise, au Triple-Sec..... qui se partagent maintenant à peu près les 1.500.000 bouteilles qui étaient livrées annuellement à la consommation par le Dépôt de Voiron.

Mais nous devons constater encore le succès grandissant des excellents produits :

Cherry-Brandy et Curaçao Rocher Frères de la Côte Saint-André.

Le Curaçao blanc D. Guillot, de Bordeaux ;

China Brun Pérod, de Voiron ;

Prunelle Cusenier de Paris (dont nous donnons plus loin une vue du Stand des Expositions) ;

Punch Legouey et Delbergue, de Paris ;

Goudron de Clacquesin-Lefèvre, de Paris ;

Liqueurs Delizy et Doisteau, de Pantin ;

La Gauloise Réquier, de Périgueux (dont nous donnons plus loin une vue de la Distillerie).

Peppermint Get, de Revel ;

Elixir Raspail, de Paris ;

Elixir Combier, de Saumur ;

Triple-Sec et Guignolet d'Angers de COINTREAU, d'Angers, etc., etc.

Toutes ces maisons et tous ces produits forment une force qu'il sera bien difficile d'entamer, parce que toutes veulent marcher de l'avant et tiennent à conserver la tête du progrès ! parce que toutes sont admirablement servies par une direction intelligente et un personnel de choix, et que la plus parfaite loyauté est la ligne de conduite de chacune.

LIQUEURS APERITIVES

AMERS, BITTERS

La fabrication des Amers Spiritueux, dans le sens actuel du mot, n'est pas si vieille ; du moins, son extension colossale, remarquée depuis l'Exposition de 1889, ne remonte pas à une date de beaucoup antérieure.

Celle des Bitters, au contraire, est beaucoup moins récente.

Les deux Bitters connus avant l'introduction dans la consommation du type Amer Picon, sont : Le Bitter du Havre, qui semble y avoir pris racine par la fréquentation des Belges et des Hollandais, qui fabriquent le fameux Bonnekamp, puis le Bitter Secrestat, dont la vente est toujours si considérable et qui s'exporte dans les Colonies et l'Amérique du Sud par centaines de mille bouteilles, nous pourrions dire par centaines de mille caisses. On pourrait dire pour la France que le Bitter Havrais est le Bitter du Nord, comme le Bitter Secrestat est celui du Midi. C'est surtout à leurs qualités toniques recommandées par la médecine, qu'ils doivent leur succès.

Toutes les fabriques de liqueurs du Havre et de la Seine-Inférieure fabriquent le Bitter Havrais ; mais il n'y apparait point un spécialiste, ayant fait des efforts suffisants pour avoir donné dans sa région au Bitter Havrais le succès considérable, la vogue et surtout la réussite du Bitter Secrestat dans le Midi. Il nous semble que, quoique un peu tard, il pourrait y avoir une place à prendre.

Au contraire, à Bordeaux le rayonnement du Bitter Secrestat est tel que par centaines au jury de l'Exposition de Bordeaux de 1895, il nous a fallu déguster les Bitters bordelais et régionaux.

Entre ces deux Bitters, il y avait place pour un produit ; Picon l'a compris. Il y a 20 ans à peine, en effet, comme aujourd'hui, les consommateurs de Bitter, aussi bien du Nord que du Midi, éprouvaient le besoin d'atténuer un peu l'amertume du Bitter par l'addition du Curaçao, auquel ils demandaient non seulement son parfum d'orange, mais aussi son apport de sucre. Le goût de la Menthe mélangée au Bitter naquit ; puis ce fut le mélange pur et simple d'un peu de sirop de gomme et enfin, aujourd'hui, un grand nombre de consommateurs se contentent d'un simple morceau de sucre, comme ils le font pour l'Absinthe.

Il s'est trouvé un liquoriste, peu connu à l'Epoque, on peut le dire, mais certainement homme de flair et d'action, qui, comprenant que le public était désireux d'avoir un Bitter adouci et parfumé, fit l'Amer Picon.

L'Amer Picon n'est autre chose qu'un Bitter *spécial* adouci, très additionné de zestes d'oranges fraîches, et c'est en Algérie, pays de production d'oranges que Picon fit son premier Amer, auquel il donna le nom d'Amer Africain.

Sa vogue fut de suite immense ; elle se soutient et augmente toujours par sa publicité, la mieux entendue peut-être de toutes celles faites par les liquoristes. Votre rapporteur ne saurait l'affirmer, mais il se demande si la vogue et l'extension de ce produit ne portèrent pas un coup direct au Bitter Havrais et n'eurent pas pour effet de retarder un peu l'extension du Bitter de Bordeaux dans le Nord de la France.

Aussi retrouvons-nous dans toutes les Expositions ce que nous avons trouvé à Bordeaux, autour du Bitter bordelais : la quantité d'amers spiritueux qui nous est présentée est énorme ; seulement la fabrication en est générale, non régionale, et c'est de toutes les parties de la France, même de l'étranger, qu'il nous en arrive des échantillons à juger.

Le Picon est donc encore une spécialité type faisant école, et cela se comprend d'autant plus aisément qu'elle n'exige point un matériel considérable, étant plutôt une série de macérations et d'infusions qu'une distillation proprement dite, nécessitant des connaissances très spéciales.

Pour créer un type original d'Amer, auprès de ceux existant, les liquoristes auront du mal à percer en France, mais avec le type de fabrication française, ils peuvent diriger leurs efforts vers l'étranger, notamment la Belgique et la Hollande, et nous reviendrons sur ce sujet en nous occupant de ces deux pays, qui fabriquent eux-mêmes Amers et Bitters tout à fait indépendamment de l'influence du liquoriste français.

ABSINTHE

Nous consacrions en 1897 un long chapitre à ce produit, que nous appelions déjà la « grande coupable ». Elle vient d'être condamnée à l'exil par le gouvernement Belge, aussi n'en parlerons nous pas, puisqu'elle ne figurait pas à Liège.

Nous mentionnerons cependant les marques si appréciées, qui affirment encore la supériorité française :

L'Absinthe Pernod — à tout seigneur tout honneur ;

L'Oxygénée Cusenier, qui fera des progrès encore, car elle est fabriquée consciencieusement, et qu'elle est appuyée par une publicité bien comprise.

L'Absinthe Berger ;

L'Absinthe Premier Fils, etc.

Là encore la Distillerie française est maîtresse incontestée, et nous sommes heureux de le signaler.

La suppression de l'Absinthe serait impossible dans notre pays, où l'Industrie aurait vite fait de trouver et de mettre en vente un produit pour la remplacer.

VINS APERITIFS

Vermouth de Turin, Vermouth Noilly, Byrrh

Nous sommes loin de l'époque où les Italiens laissaient infuser l'Hysope et le Myrte, le Calamus et l'Absinthe dans leurs vins blancs. De cette pratique remontant au XIIe siècle, est resté le Vermouth Turin (ou Torino), encore assez consommé en France, bien que ce breuvage, doucereux et très parfumé, soit peu dans le goût général français. Aussi, ne voyons-nous guère, pour ne pas dire point du tout, des fabricants français nous présenter dans les expositions, un Vermouth qui ressemble de près ou de loin à ce fameux Torino.

Le Vermouth Chambéry reste également stationnaire, quoique bien fabriqué et d'une saveur toute particulière, que beaucoup de connaisseurs préfèrent au Vermouth de Marseille.

L'Apéritif qui, au contraire, a pris un développement considérable, c'est le Vermouth français, dont les trois types caractéristiques sont le « Province », le « Paris » et « l'Exportation », fabriqués par la très considérable maison Noilly, Prat et Cⁱᵉ, de Marseille. Leur Vermouth est fait assure-t-on, avec des vins blancs plutôt légers, de Picpoul, de Picardan, légèrement aromatisés avec des herbes spéciales, dont la plus reconnaissable est la camomille. Il reste le type rêvé par les fabricants de Vermouth.

La maison Noilly a eu un moment d'inquiétude pour l'introduction de son produit en Belgique, car il entre dans sa fabrication un peu d'Absinthe, et l'on pouvait se demander s'il n'allait pas être prohibé de ce fait. Il n'en a été rien heureusement.

Pendant les années de crise traversées par les vignobles français, pendant la triste période du philoxéra, les fabricants de Vermouth français essayèrent l'emploi de certains vins d'Espagne ; mais il ne semble pas que cette tentative ait réussi, le consommateur de Vermouth en France tenant surtout à trouver dans ce produit un vin blanc léger, d'une limpidité absolue, et net de goût, ce que peuvent donner par-dessus tout les vins de provenance française, auxquels il fallait revenir coûte que coûte.

Il y a longtemps que la maison Noilly ne présente plus ses produits dans les expositions, si elle les y a jamais présentés ; sa notoriété est grande et sa réputation universelle. Si j'en ai parlé dans ce rapport, c'est que ce produit marque véritablement une époque dans l'étude des vins apéritifs et que la maison en a développé en France le goût et la consommation. Aussi, depuis vingt ans, est apparue toute une nouvelle catégorie de Vins apéritifs, source nouvelle de revenus pour les liquoristes qui s'en sont emparés.

Il est des personnes qui, par habitude, par nécessité, par métier, sont obligées de fréquenter le café. Il est difficile de le faire sans absorber quelques consommations, la santé s'en ressent quelquefois et le médecin consulté répond : « Si vous ne pouvez échapper à cette obligation, consommez au moins une boisson tonique, un vin apéritif, à base de quinquina par exemple ».

C'est alors qu'une maison du midi, à Thuir (Pyrénées-Orientales), fabriqua avec d'excellents vins rouges, de Collioure, de Banyuls, de Malaga, un apéritif appelé Byrrh. Cette maison est arrivée aujourd'hui à une production considérable, à une vogue inouïe. Il convient certainement d'en parler ici, car son exemple fut suivi.

Votre rapporteur, qui, à cette époque (vers 1875), débutait dans les affaires et visitait lui-même une grande partie de sa clientèle, se souvient parfaitement des débuts du Byrrh. Partout en France, dans le moindre petit café comme dans le plus grand passait un voyageur ; la maison avait dû choisir des hommes intelligents, collaborateurs distingués, largement pourvus de frais de voyage. Ils rencontraient le cafetier et le consommateur dans l'état d'esprit que j'ai indiqué plus haut ; on goûtait les échantillons, mais, hésitant, on ne cédait pas encore aux sollicitations. Le voyageur n'avait, pour le début, pas d'autre mission, que de présenter le produit et d'en faire valoir la qualité.

Il collait à l'intérieur une modeste affiche, quelques tableaux primitifs et offrait d'expédier un petit fût de 15 litres, de 20, de 30, suivant l'importance de l'établissement, à titre d'essai, et payable seulement après vente. La proposition n'était pas acceptée sans résistance, sans une défiance bien naturelle ; néanmoins, elle l'était quelquefois ; le procédé loyalement offert et l'offre loyalement tenue, produisirent leur effet et au bout de quelque temps, le Byrrh était devenu une consommation classique.

La maison soutient la qualité de son produit ; elle fait une immense et intelligente publicité, elle est bien secondée par une appellation heureuse « Byrrh », mot court, remplissant bien une affiche et frappant l'œil : pour toutes ces raisons, marchands en gros, demi-gros et détail, sont aujourd'hui tributaires du Byrrh.

Mais pour ce produit encore, les imitations ont été si nombreuses, que la maison du Byrrh a dû prendre la détermination de ne vendre son produit qu'en bouteilles.

LIQUEURS DE FRUITS

Nous en aurons fini avec l'exposé de la situation des liqueurs en France, quand nous aurons parlé d'une catégorie de liqueurs qui, elle aussi, a pris depuis vingt ans, un développement énorme : je veux parler des liqueurs de fruits.

La France produit les meilleurs fruits du monde, son climat tempéré leur donne une saveur toute particulière, qu'ils n'acquièrent point ailleurs. Il était tout naturel et tout indiqué qu'on en fît des liqueurs. Chaque partie de la France, suivant sa situation géographique, produit des fruits spéciaux, améliorés par des pépiniéristes habiles.

La Côte-d'Or, où l'on en cultive des champs entiers, produit les meilleurs cassis, d'où sont nés les merveilleux cassis de Dijon et, si tous les liquoristes français fabriquent des Cassis, nul n'égale les crèmes supérieures des grandes maisons dijonnaises.

Les provinces de l'Est font avec certaines prunes le Quetsch. Des mérises de la Forêt-Noire on tire le Kirsch. La prunelle, dont le noyau traité d'une façon toute particulière, est la matière première de l'excellente liqueur Prunelline, se récolte un peu partout et ne coûte que la peine de la faire cueillir sur les haies des chemins, de préférence après les premières gelées.

Les délicieux abricots du Centre et des environs de Paris, dont la chair savoureuse et parfumée a donné naissance à l'Abricotine ; la framboise des environs de Tours et de Chinon, employée par petite partie dans presque toutes les liqueurs de fruits ; la fraise Héricard, la Maillasse, tous ces fruits y sont parfumés et charnus, comme ils ne le sont nulle part ailleurs.

Enfin, les cerises de l'Anjou.

Les cerises de l'Anjou ont un parfum tout particulier ; elles y viennent en abondance et, dès les temps les plus reculés, les religieuses de cette contrée, disent les documents authentiques consultés, s'étaient ingéniées à fabriquer une sorte de Ratafia, qu'on appelait Guignolet d'Angers.

Cette liqueur figurait bien dans les recettes du liquoriste français, mais elle était tombée dans l'oubli. Dès 1875, votre Rapporteur comprit le parti qu'il pouvait tirer de faire revivre cette liqueur angevine : le nom était original, la liqueur agréable ; elle avait plu jadis, elle devait réussir. Il fit des recherches, reconstitua et améliora la recette et ressuscita le véritable Guignolet d'Angers : c'est aujourd'hui par millions de litres que se fabrique cette liqueur et elle figure sur toutes les tables.

Elle a pris sa place parmi les apéritifs, parce que nous avons eu l'heureuse idée d'amener le consommateur à la mélanger au Vermouth. L'agriculture en a profité, en utilisant ainsi quantité de cerises qui restaient autrefois perdues sur les arbres.

Toutefois, les fabriques de Guignolet de l'Anjou, ont à lutter contre une pratique récemment établie chez eux et qu'il ne peuvent guère malheureusement combattre d'une façon efficace : l'exportation des fruits cueillis avant maturité, à destination de l'Angleterre, devient une concurrence redoutable, et c'est par wagons complets que, bien avant l'époque normale de la récolte, les cerises partent de l'Anjou, pour figurer comme primeur sur les tables des Anglais.

Il en est de même des cassis, qui sont également cueillis verts ou très peu mûrs, afin de pouvoir supporter le voyage. L'Anglais fait avec ces

fruits des cartelettes, des « puddings », et, pour le liquoriste de l'Anjou il se produit cet inconvénient que, lorsqu'il se présente sur le marché pour y trouver les fruits nécessaires à sa fabrication, la majeure
partie a pris le chemin de l'étranger et, à prix d'argent, c'est à grand'-
peine qu'il arrive à trouver les cinq sortes de cerises très mûres qui
lui sont nécessaires pour la fabrication du véritable Guignolet d'Angers.

A la suite du Guignolet, la liqueur de Fraises et la liqueur de Framboises ont pris un développement tout naturel

La France produit, ou plutôt peut produire beaucoup plus que sa
consommation : cherchons donc de nouveaux débouchés.

En réalité, le liquoriste n'a de surproduction que s'il veut fabriquer.
Son outillage, bien qu'il soit déjà considérable, n'est pas comparable
à celui mis en œuvre notamment par les fabriques de tissus, de cor-
dages, etc., qui ne peut, lui, rester inemployé sous peine de laisser
immobiliser un capital énorme, d'être détérioré et de se voir rapidement démodé.

Le personnel du liquoriste, n'est pas non plus comparable à celui
des grandes industries textiles, qui doit travailler nuit et jour.

A la rigueur, si le liquoriste n'a pas de vente, il n'allume pas ses
fourneaux, il ne fond pas son sucre, il ne met pas ses alambics en
marche. Il a toujours à l'intérieur, pour quelques semaines de chômage, un travail suffisant pour occuper son monde et, si la situation
se prolonge, il lui reste la ressource d'engager de nouveaux voyageurs
ou de se mettre lui-même en route. Mais cette situation ne peut durer
longtemps, il faut grandir, il faut marcher en avant : toute industrie qui veut être prospère ne doit pas rester stationnaire.

Cherchons donc des débouchés vers l'exportation et profitons des
enseignements qui nous sont offerts par les expositions, surtout les
expositions universelles de l'étranger. Là, nous sommes en contact
direct avec nos confrères, nous discutons ensemble et la valeur du
produit et l'usage qu'on en peut faire chez eux. Si par nos connaissances plus spéciales, par notre expérience plus grande, nous formons
leur goût, nous leur apportons des éléments nouveaux pour qu'ils
s'instruisent, ils nous donnent en revanche la pratique de leurs pays
et les moyens d'y pénétrer.

Maison E. RÉQUIER, de Périgueux. — Laboratoire

Maison COINTREAU, d'Angers. — Les alambics de 1000 litres à triple-sec

Maison COINTREAU, d'Angers. — Liqueurs diverses, mise en bouteilles et emballages

Maison COINTREAU, d'Angers. — Hall du triple-sec

EXPORTATION

Les expositions en elles-mêmes ne sont pas seulement une exhibition des produits de tous les pays, une occasion d'obtenir des récompenses, ou de faire de la réclame : elles doivent être pour les industriels qui les suivent, non seulement en exposant leurs produits, mais en les fréquentant eux-mêmes, soit comme exposants, soit comme visiteurs, ou comme membres du Jury, un sujet d'études et un enseignement des plus fructueux.

Là, l'exposant de tous les pays doit examiner, goûter, comparer, étudier ce qu'il fait lui-même avec les productions des pays voisins, se pénétrer du goût et des usages en faveur ; il doit chercher à rester le premier et le plus fort, s'il l'est déjà ; à le devenir s'il ne l'est pas encore, et rentré chez lui, il perfectionnera son outillage s'il y a lieu, sa fabrication, toujours perfectible. Il mettra en œuvre ce qu'il a appris, et tous les moyens d'action dont il dispose, afin de pénétrer à l'étranger.

C'est le fruit de cette expérience acquise par votre rapporteur, dans toutes les expositions où il a figuré, dont il veut faire profiter ses compatriotes. C'est tous ces moyens qu'il veut exposer dans ce rapport, et cela avec sincérité et franchise, et surtout avec clarté et simplicité.

Si nous consultons les documents officiels, les statistiques, nous voyons que l'exportation des liqueurs françaises est en plein progrès et que de plus en plus les grandes marques et les grandes maisons étendent leur réseau de relations, augmentent leurs succursales, leurs moyens d'action et leurs débouchés.

Il est vrai d'ajouter cependant, que si l'on examine le prix de vente que représente ce commerce d'exportation, on est surpris de la moyenne qui en résulte pour le prix d'un litre de liqueur (environ 1 fr. 50). Cela tient évidemment aux quantités énormes de caisses de liqueurs qui s'expédient par les ports de Bordeaux et Marseille, pour être vendues à des prix excessivement bas, en Afrique et dans l'Amérique du Sud.

La moyenne de ces prix est un peu relevée par l'exportation de certains Bitters et Amers ; mais il y a trop de petites liqueurs, et ce n'est pas avec des produits ordinaires que nous pourrons établir au dehors la réputation de nos liqueurs françaises. A mon sens, nous devons plutôt chercher à exporter des liqueurs supérieures, et principalement des spécialités reconnues et consacrées

Au surplus, il semble que les ports de Bordeaux et Marseille expédient ces liqueurs courantes dans les régions méridionales, et, à mon avis, aussi bien les Bordelais que les Marseillais et les autres liquoristes doivent chercher plutôt *dans les pays du Nord des débouchés certains et productifs pour les liqueurs spéciales et de toute première qualité.*

En effet, si nous examinons rapidement les fabrications faites dans les différents pays, qui avaient notamment exposé à Paris en 1889, à Bruxelles en 1897, à Paris en 1900, ou cette année à Liège, nous voyons : que l'Italie boit surtout des sirops et quelques amers spéciaux, qu'elle se suffit d'ailleurs à elle-même ;

Que l'Espagne ne fabrique et ne consomme guère que des eaux-de-vie anisées et des limonades ;

La Grèce, la Roumanie, des produits appelés « Mastic », résultant des infusions de baies de lentisque ;

Que le Mexique, le Brésil, utilisent les fruits de leur sol, dont ils font plutôt des boissons fermentées ;

Que la République-Argentine, le Vénézuéla, copient quand ils le peuvent quelques-unes de nos liqueurs françaises.

Au contraire, les pays du Nord : la Hollande en première ligne, la Belgique, la Scandinavie, la Grande-Bretagne, la Russie, l'Allemagne et l'Autriche-Hongrie, pays froids, sont des pays où le climat fera accueillir favorablement les liqueurs sucrées digestives, présentent des terrains tout préparés, soit par leurs usages, soit par leur climat, soit par leur affinité avec le goût français.

Les grandes expositions auxquelles nous avons pris part : Paris, Anvers, Amsterdam, Moscou, Bruxelles, Liège, nous ont fourni la preuve de ce que nous avançons. Il ne s'agit donc pour nous que d'examiner les moyens de pénétrer dans ces pays, en étudiant leurs coutumes et leur législation.

BELGIQUE

A tout seigneur tout honneur, nous sommes chez les Belges, nous devons donc commencer par leur pays, qui nous a fait l'accueil le plus aimable, à tel point, que chez eux nous nous croyions chez nous.

La Belgique est française, elle l'est de cœur, de mœurs et de langage.

On vit à Bruxelles à la française.

Parcourez le magnifique boulevard Anspach, à l'heure de l'apéritif ou après le dîner, vous y verrez les splendides cafés qui le bordent, remplis de consommateurs, installés à la terrasse en été, à l'intérieur en hiver. Là, le vermouth, les amers de toutes sortes circulent, et aussi les anisettes, curaçaos, fines Champagnes, etc. ; et vous pourriez vous croire sur le boulevard des Italiens, devant le café Riche, les cafés de la Paix, Américain, de Madrid, etc., etc. Les communications sont si faciles entre les deux pays, les magnifiques express de la ligne du Nord nous transportent si vite de l'un à l'autre que la vie est pour ainsi dire la même. Pas de Bruxellois aisé, de commerçant faisant bien ses affaires, qui ne s'offre chaque année un ou plusieurs voyages à Paris ; il en rapporte les habitudes, il les implante dans la vie publique, il les introduit dans la vie de famille.

Je sais bien que les petites rues adjacentes de ce même boulevard sont remplies d'estaminets, brasseries et distilleries, ou le « Faro » et le « Lambic » coulent à pleins verres, où le Genièvre, l'Amer au petit verre, le Bonnekamp mélangé au Genièvre, sont consommés ; mais déjà on y reconnait un grand débit de petits vins de Champagne français servis au goblet dans les Bodégas, et, peu à peu les liqueurs françaises s'y introduisent. Vous ente. dez très bien demander un petit verre de Curaçao, une Anisette, une Chartreuse, un Cointreau, etc., pour aider à la digestion des Sandwichs, saucisses et jambons, arrosés de la délicieuse bière de Munich, servis dans les grandes brasseries ouvertes jour et nuit tout autour du Théâtre de la Monnaie.

Si l'on sort de Bruxelles cet usage y est peut-être moins répandu ; mais pourtant les liqueurs françaises ou à la française sont consommées à Liège, à Anvers, Bruges, Gand, Ostende, et en général dans tout le pays flamand.

Chose singulière et digne de remarque, dans le pays Wallon, Liège notamment, pays de langue française, où les mœurs se rapprochent des nôtres peut-être encore plus qu'à Bruxelles, le goût de nos liqueurs chères n'était pas encore très répandu ; il le devient chaque jour davantage par suite de l'Exposition, car c'est un pays riche, qui a de grandes usines, fabriques d'armes, établissements métallurgiques et autres, où la consommation est énorme en raison de ce que la classe ouvrière y est plus nombreuse et très bien rémunérée.

Quoi qu'il en soit, les Bruxellois vivent à la française, et s'il vous arrive d'être invités à partager le dîner d'une famille belge, votre repas est arrosé des meilleurs vins français. Vous devez y déguster

toute la série des grands crus et des grandes années des Bordeaux,
des Bourgogne, des Champagne, et au dessert les liqueurs des grandes
marques françaises figurent sur la table. Et ce n'est pas seulement
avec abondance que ces vins sont servis, c'est avec profusion. On ne
vous fait grâce d'aucun , et vous devez donner votre avis sur tous.
On le sollicite, on tient à votre appréciation. Les Belges ont les meilleures caves du monde et ils en sont fiers, ils tiennent à prouver qu'ils
méritent cette réputation.

Nous avons souvent été invités avec nos collègues du Jury à des
tables où nous avons pu constater ce fait. Il n'est pas rare de voir défiler sur la table de son hôte la série des vins suivants, variant quelquefois comme année et cru, mais toujours de qualité remarquable :

   Madère de l'Ile, 1870 ;
   Château de Pez, 1881 ;
   Château Vigneau, 1878 ;
   Château Ducasse Grand-Puy, 1874 ;
   Haut-Brion, 1874 ;
   Romanée-Conti, 1874.

Tous ces vins « élevés » en Belgique, merveilleusement soignés,
servis à point et justifiant bien la réputation des caves Belges dont
j'ai parlé plus haut.

Placée entre la Hollande et la France, la Belgique n'avait que de
bons exemples sous les yeux ; aussi la fabrication des liqueurs s'y est-
elle rapidement développée et nous avons été heureux de reconnaître à cette Exposition, qu'à part les Amers et le fameux Bonnekamp, dont je parlerai tout à l'heure, c'est l'influence de la fabrication française qui se fait sentir partout. Nous regrettons de n'avoir
pu obtenir des clichés des laboratoires Belges qui rappellent bien —
quoique en plus petits — nos grands laboratoires français

Il nous a été donné de visiter quelques-uns de ces laboratoires. Nous
avons pu les voir installés à la vapeur, largement aménagés, comprenant presque toutes les améliorations apportées dans l'outillage du
liquoriste par les fabricants parisiens d'appareils distillatoires et
autres : Egrot, Dérivaux, Bréhier, Deroy, Hervé et Moulin de Bordeaux, etc.

Nous avons eu la bonne fortune de visiter l'importante Maison Delhaize frères et Cⁱᵉ, et son Stand qui occupait une place si importante
à l'Exposition de Liège, maison qui est bien certainement la plus considérable affaire d'alimentation que nous connaisons en Belgique.
Son organisation est parfaite et nous ne cachons pas ici toute l'admi-

ration que nous éprouvons pour ses créateurs et ses administrateurs.

Les quelques clichés que nous avons pu nous procurer et que nous reproduisons plus loin donneront une faible idée de cette grande maison, qui, indépendamment de tout ce qui concerne l'alimentation proprement dite, chocolats, cafés, biscuits, épiceries, conserves, etc., fabrique des liqueurs très réputées et possède même une manufacture de brosses et une imprimerie. Aussi le personnel qu'elle occupe est-il considérable, surtout si on y ajoute celui qui est disséminé dans les 600 succursales que la maison Delhaize frères et Cie possède en Belgique.

Tout ce personnel est l'objet de la sollicitude des Directeurs qui ont créé à son intention, des institutions de prévoyance, des œuvres d'utilité et d'agrément : Caisse de retraite et d'assurances sur la vie, service de santé, caisse de secours, etc., économat, restaurant, cours de gymnastique et d'armes, cours d'instruction, bibliothèque, harmonie et cours de musique très suivis, fanfare.

La maison Delhaize frères et Cie fait un chiffre d'affaires que l'on peut sans exagération taxer de colossal et son succès lui vient de ce qu'elle a toujours livré à ses clients des marchandises de tout repos et de qualité irréprochable. C'est, dans tous les pays du monde, la meilleure façon de faire les affaires !

Les Belges fabriquent comme nous les Menthe, Anisette, Curaçao, etc., etc. Ils ont déjà eux aussi quelques spécialités, dont la principale, l'ELIXIR de SPA, est une liqueur bien faite, fine, qui fait honneur à la distillerie belge et se rencontre même dans quelques villes françaises, elle est suivie en Belgique et le Jury a pu déguster l'ELIXIR d'ANVERS, l'ELIXIR de BRUXELLES, la liqueur du LITTORAL, l'ELIXIR de CHAUDEFONTAINE, etc., etc. l'Esprit sinon d'imitation, tout au moins d'assimilation, y est développé et le Triple-Sec français y était à peine acclimaté que naissaient déjà des liqueurs similaires.

Les Belges nous ont paru en majorité travailler d'après les bonnes traditions ; ils opérèrent régulièrement par macération et distillation. S'ils savent dans la suite éviter le travail par essences, sans distillation ; s'ils ne tombent pas dans la mauvaise voie trop facile à suivre dont nous avons indiqué le danger, ils conserveront la faveur de leur clientèle et ne se prépareront pas chez eux-mêmes une redoutable concurrence.

Mais où le liquoriste belge excelle, c'est assurément dans la fabrica-

Maison DELHAIZE Frères et Cie, à Bruxelles — Stand de l'Exposition

Maison DELHAIZE Frères et Cie, Bruxelles. — Vue générale des principaux établissements

1° Les droits de douane à l'entrée en Belgique seront de 150 francs par hectolitre d'alcool jusqu'à 50° et de 3 francs par degré au-dessus de 50°.

2° Le droit de douane sur les liqueurs sera de 300 francs par hectolitre, quels que soient le degré et la qualité, logée en fût ou en bouteille ;

3° Les Cognacs et spiritueux dont la force alcoolique réelle sera masquée de plus de 2° par une addition de sucre, seront considérés comme liqueurs et paieront 300 francs l'hectolitre en volume.

Le 16 juin 1896 la loi était promulguée ; le 17, elle était appliquée, et tous les produits imposables qui faisaient route vers la Belgique, tous ceux en dépôt dans les entrepôts durent, pour entrer, subir la nouvelle législation, acquitter la nouvelle taxe.

Qu'arriva-t-il alors ? A part la Chartreuse, l'Anisette de Bordeaux, quelques autres produits considérés comme indispensables et que le public était habitué à payer très cher, les autres produits français furent très menacés. Une bonne liqueur vendue par le producteur français au commerce, prise à la fabrique à raison de 3 francs se voyait à l'entrée grevée des frais suivants :

Prix moyen de la marchandise en fabrique française.... 3 fr.
Transport et faux frais................................. 0 fr. 50
Droit de douane.. 3 fr.
Salaire du représentant, bénéfices du marchand en gros
   et du revendeur...................................... 3 fr.

                                                  Soit donc........ 9 fr. 50
prix moyen, que devait atteindre en Belgique la liqueur, vendue en France 5 francs au consommateur français.

Les « grossistes » (mot francisé, mis en usage par les Belges et les Allemands), c'est-à-dire les marchands en gros, avaient, avant l'augmentation, déjà bien de la peine à accueillir un produit qui leur revenait à 5 francs ou 6 francs. Ils furent mécontents d'avoir à avancer des droits de douane aussi considérables, surtout quand il s'agissait de liqueurs dont la vente n'était ni certaine ni garantie ; ils décommandèrent les ordres antérieurement donnés, car le public, qui ne se rend pas bien compte de ces transformations, ne voulut que difficilement s'habituer à subir cette augmentation de 1 franc par litre.

Mais cette loi a été modifiée encore par celles des 28 juillet 1902 et 18 février 1903, et cette dernière, dont l'article premier est ainsi conçu, peut être considérée comme prohibitive.

CHAPITRE I
Eau-de-vie étrangères. — Base et quotité des droits

Les droits d'entrée sur les liquides alcooliques distillés et sur les conserves alimentaires à l'eau-de-vie, sont modifiés de la manière suivante :

Eaux-de-vie de toutes espèces :

En cercles, à 50 degrés ou moins à l'alcoomètre de Gay-Lussac, à la température de 15 degrés du thermomètre centigrade...... 175 fr.   par hectolitre

En cercles, pour chaque degré au-dessus de 50 degrés............................. 3 fr. 50 par hectolitre

Liqueurs, sans distinction de degré...... 350 fr.   par hectolitre

En bouteilles, sans distinction de degré. 3 fr. 50 par bouteille

Autres liquides alcooliques contenant en alcool 20 pour cent au moins.............. 70 fr.   par hectolitre

Plus de 20 pour cent et pas plus de 50 °/°. 175 fr.   par hectolitre

Plus de 50 pour cent.................... 350 fr.   par hectolitre

Conserves alimentaires à l'eau-de-vie.... 175 fr.   par hectolitre

Soit donc une augmentation de 50 centimes encore par bouteille de liqueur, ce qui constitue un droit prohibitif pour les distillateurs qui désirent introduire leurs marques en Belgique.

Que devons-nous donc faire ? renoncer au bénéfice de longues années de travail et de sacrifice ? Non : il faut prendre le seul moyen pratique, quoique coûteux, qui s'offre à nous : accepter franchement la loi des Belges et devenir fabricants chez eux. C'est ce que firent quelques-uns ; d'autres les suivront certainement.

Ils avaient d'ailleurs un exemple. Un de nos confrères français, la grande maison Cusenier, de Paris, n'avait pas hésité, bien avant 1897, à joindre à ses nombreuses succursales une fabrique de liqueurs luxueusement montée, à Bruxelles même.

Il y a quelque vingt ans, elle avait grandement installé son laboratoire et crânement l'avait appelé « Grande Distillerie Belge », ce qui ne manquait pas de hardiesse. Ce ne fût pas immédiatement, d'ailleurs, que les résultats se produisirent, car ce n'était pas une spécialité que la maison en question allait implanter chez nos voisins ; elle y fabriquait toutes les liqueurs à la française et il fallut la grande réputation de la maison-mère, l'énergie et l'entregent de son directeur, pour amener un développement relativement rapide.

Nous sommes heureux de reconnaître — et le Jury de l'Exposition a pu le constater lui-même — que l'arrivée en Belgique de cette grande maison française, montée sur un grand pied, n'a pas peu contribué au développement de la fabrication et de la consommation des liqueurs françaises en Belgique, non seulement parce qu'elle fabrique très bien, mais aussi parce qu'elle a été un stimulant pour les liquoristes belges et leur a donné l'émulation qui en a fait naître, grandir et prospérer un certain nombre.

Bien que, comme nous l'avons dit, la Belgique soit presque française de coutumes et de langage ; bien que les Ministres du Roi des des Belges et le Roi lui-même écoutent avec bienveillance les industriels français qui leur demandent aide et protection pour pénétrer en Belgique ; bien qu'ayant à Bruxelles, un ministre du gouvernement de la République Française qui nous défend, nous protège, nous témoigne la plus grande affabilité et nous prête sans compter l'appui de sa grande situation, de sa haute personnalité ; bien que nous y possédions, en outre, une Chambre de Commerce française qui nous en facilite les moyens et aide les Français en toute occasion, il ne faudrait pas croire qu'il soit si facile d'y établir une fabrique. Les Belges ont des lois et des réglements ministériels dont le but est double ils exigent comme on le fait chez nous de l'industriel, et cela d'une façon très sévère, la sécurité pour les voisins, la sécurité pour les ouvriers, et ils protègent leurs industriels nationaux, ce qui est naturel.

Il est notamment difficile, presque impossible, d'introduire en Belgique un matériel déjà usagé, comme il peut arriver qu'on en ait en double dans nos laboratoires français.

Votre rapporteur avait fait remettre à neuf un petit générateur de vapeur, système H. Lachapelle, avec sa machine. Il espérait pouvoir les faire entrer, sinon en franchise de douane, du moins en admission temporaire ; ce qui lui avait été très facilement accordé dans le Grand Duché par les réglements luxembourgeois lui fut refusé en Belgique. On exigea, en outre, que la chaudière fût expérimentée à une haute pression hydraulique ; on lui imposa sifflet d'alarme automatique, plomb fusible, etc., toutes précautions très compréhensibles ; mais on lui imposa encore de présenter au service d'inspection, les tôles ayant servi à construire cette chaudière, munies d'une façon apparente de l'estampille d'essayage et de résistance au laminoir.

Or, cette estampille qui n'est point exigée en France, n'ayant pu être présentée, défense fût faite d'allumer la chaudière en question, et ce n'est que par une obligeante tolérance que cette autorisation fut accordée pour un délai de six mois, au bout desquels, jour par jour, le service des ingénieurs belges revint renouveler la défense, qui ne put être levée que par une nouvelle autorisation, toujours provisoire, obtenue à la suite de nouvelles démarches.

Les industriels devront donc savoir qu'ils auront tout avantage, s'ils veulent s'établir en Belgique, d'y faire l'acquisition d'un générateur et en général de tout leur outillage, d'ailleurs très solidement construit.

Nous avons vu à l'Exposition de Liège des installations de fabricants de machines, de chaudronnerie et d'appareils à distiller tout à fait intéressantes.

La maison Relecom et Fils entr'autres avait exposé des appareils à distiller très bien compris. Cette maison, fondé en 1838, a du reste, de tout temps, eu la réputation de bien faire et nous l'avons vue dans toutes les grandes expositions, où elle obtenait les plus hautes récompenses.

Elle est seule concessionnaire pour la Belgique et la Hollande, des brevets Guillaume :

1° Sur les colonnes de distillation inclinées dites « inobstruables », dont nous avons vu un spécimen à l'Exposition de Liège.

2° Sur les rectificateurs continus — très perfectionnés —qui permettent d'obtenir de très bons résultats, Un de ces appareils, de très grandes dimensions, figurait dans le stand de MM. Relecom et Fils et a été particulièrement visité par tous ceux qu'intéresse la distillation.

Le liquoriste français pourra donc en toute confiance s'adresser aux fabricants belges, il évitera ainsi des droits de douane assez élevés auxquels il faut ajouter toutes les formalités, toutes les visites dont nous avons parlé et qui ne sont point gratuites en Belgique, tout comme en France d'ailleurs ; il faut payer et toujours payer.

Ce ne sont là, je dois le dire, que de simples remarques, et non point des récriminations ; quand on veut aller s'établir dans un pays autre que le sien, il faut en accepter très franchement les lois, mais il n'est pas interdit de se défendre, même à l'étranger.

***

Tout ceci accompli et le liquoriste français installé, il pourra marcher franchement. Il sera bien accueilli par la clientèle, surtout si le produit présenté lui plaît. Il aura ce double avantage qu'il pourra expédier de sa maison française ses alcoolats, fabriqués chez lui avec de l'alcool de vin , pour les produits spéciaux qui en nécessitent l'emploi , et de ne payer que les droits de douane suivant la force alcoolique estimée au degré, sur lequel, pourtant, le service douanier est très sévère.

Si au contraire, pour certains produits, le Bitter par exemple, et

Maison RELECOM et Cie, à Bruxelles. — Le grand appareil rectificateur, système Guillaume

l'Amer, il veut ajouter l'alcool d'industrie, il en trouvera en Belgique d'excellente qualité lequel n'aura à payer que les droits intérieurs ou d'accises, soit 300 fr. l'hectolitre à 100°.

Par protection en effet, alors que les alcools étrangers acquittent 350 fr. l'hectolitre à 100° pour entrer, ceux de fabrication belge n'ont à supporter que 300 fr. et la législation est ainsi établie : l'administration intérieure accorde aux producteurs d'alcool, agriculteurs ou bouilleurs, le droit de produire de l'alcool, à la condition d'être propriétaires d'au moins 40 hectares, de n'employer que des cuves en nombre et en dimension déterminés, pouvant produire en 12 heures ou 24 heures, une quantité de flegmes également déterminée, ainsi que leur degré, 400 litres à 10° au maximum. Les distilleries agricoles vendent ces flegmes aux rectificateurs de profession, qui paient les droits, et après rectification, les livrent au commerce, droits acquittés, circulant librement.

Les liquoristes et fabricants de Genièvre belges qui font de l'exportation obtiennent la remise du droit à la sortie, sous condition d'avoir rempli les mêmes formalités que nous devons remplir nous-mêmes en France, pour obtenir le remboursement du droit sur les sucres, mais ils s'en plaignent et demandent, eux aussi, la simplification de ces formalités.

Quant au sucre, il ne coûte pas plus cher à Bruxelles qu'en France, il est aussi bon que les sucres Say ou Lebaudy, bien blanc et d'un travail facile.

*
* *

Ce n'est pas tout que de fabriquer, il y a aussi la vente ; à côté de l'industrie, le commerce.

Les moyens d'action pour pénétrer dans la clientèle ne sont pas sensiblement différents de ceux employés en France ; il faut des voyageurs et des représentants, mais le choix d'un représentant y est peut-être plus délicat.

En effet, l'industriel français qui établit une succursale en Belgique n'y peut venir lui-même que de temps à autre, puisqu'il réside en France. Il doit donc choisir pour le représenter un homme à qui il donne toute sa confiance et qui la mérite à tous égards, car il devra le remplacer dans bien des cas, non pas seulement près de la clientèle, mais aussi auprès des autorités du pays, auprès des gros industriels, pour défendre ses intérêts administratifs et commerciaux, comme il le ferait lui-même. Il faut un homme bien élevé, français si possible, parlant plusieurs langues, l'anglais et principalement l'allemand, ce qui le rend apte à comprendre le flamand ; enfin, surtout honorablement connu et jouissant de l'estime générale. De bons antécédents, de nombreuses relations commerciales et sociales, en un mot, « de la respectability », telles sont les qualités requises pour un bon agent en Belgique, où l'on est, à bon droit peut-être, plus circonspect que dans tout autre pays étranger.

Quant à la clientèle, il faut tout d'abord frapper son imagination par une publicité bien entendue, essayer l'introduction dans la clientèle des hôtels, des grands restaurants ; intéresser l'épicier et le marchand de comestibles, qui détiennent, en Belgique comme en France, le quasi-monopole de la fourniture aux particuliers, auxquels ils offrent les produits par l'étalage, par les prospectus, et auxquels ils donnent toute facilité par la livraison à domicile.

Cela fait, l'agent n'aura plus qu'un but : entrer chez les « grossistes », négociants en Vins et Spiritueux, liquoristes eux-mêmes, leur faire comprendre que si, par un effort personnel, il a fait pénétrer lui-même la liqueur spéciale en question dans la consommation, ce sont eux, grossistes, qui seront chargés par la suite de la fourniture au détail, que, conséquemment, ils ont intérêt à la faire figurer parmi les produits qu'ils ont à offrir à cette clientèle.

Le rôle du représentant deviendra dès lors plus facile. N'ayant plus à visiter le détail, que pour se rendre compte de la marche progressive de la consommation, ses dépenses seront moindres, ses ventes plus importantes; et, si la publicité se soutient en même temps que la qualité du produit, ce dernier sera à tout jamais introduit en Belgique.

Quant aux vins apéritifs, ils commencent aussi à apparaître en Belgique, à la suite des marques françaises ; les Belges sont bien placés pour recevoir, par leur port d'Anvers, les vins de Porto et Malaga, de provenance directe. Mais ils paient 20 fr. par hectolitre de droit de douane, comme pour tous les vins fins et ordinaires ne dépassant pas quinze degrés, et ils acquittent 3 fr. 50 par degré supplémentaire jusqu'à vingt et un, et les vins aromatisés, comme le Vermouth, acquittent le droit énorme de 70 fr. l'hectolitre. Dubonnet fabrique aujourd'hui son produit en Belgique, le Byrrh suivra sans doute bientôt son exemple, comme l'a fait Picon, pour son Amer Spiritueux et la Maison Cointreau fabrique aussi un Quinquina qui a déjà un beau succès : le « Quinquina National », à base de vin blanc sec, et qui est préféré par beaucoup de consommateurs, aux vins doucereux à base de Mistelles et de vins sucrés.

*
* *

Au début de notre rapport, nous avons parlé de l'absinthe, et nous avons dit que le gouvernement en avait interdit la consommation sur tout le territoire du Royaume. Cette mesure a été prise au moment où s'ouvrait l'Exposition de Liège ; nous ne nous permettrons pas d'en discuter l'opportunité, ni de protester contre une mesure qui pourrait être considérée comme trop radicale, laissant ce soin à nos amis, plus directement intéressés que nous.

L'État Belge a cru devoir proscrire complètement dans son pays l'entrée, la fabrication et la consommation de l'absinthe ; c'est bien et il faut s'incliner, mais il nous sera permis de dire que cette proscription lui était facile, car la consommation de l'absinthe en Belgique n'a jamais été bien considérable, et les protestations ne pouvaient être nombreuses.

Le tableau que nous donnons ci-dessous montrera que si la mesure n'était pas dangereuse à prendre, parce que la consommation était peu répandue, le mal à combattre n'était pas si grave qu'il a été dit :

« C'est à Bruxelles que la consommation est la plus forte, puis viennent Liège et Anvers, pour des quantités égales, ensuite, Mons et le bassin de Charleroi. Dans le reste du pays, la consommation est insignifiante. On constate du reste, et il est établi que c'est là où les étrangers sont les plus nombreux, que la consommation est la plus forte.

« La proportion comme consommation peut être établie sur la base suivante :

Bruxelles............	40 %	de la production
Liège	15 %	—
Anvers...	15 %	—
Mons............... .	10 %	–
Charleroi	10 %	—
Restant du pays	10 %	—

D'autre part on peut affirmer que sur 100 consommateurs il .. . . guère que *10 Belges*.

Voici maintenant la production :

1 Fabricant produit annuellement	20.000	litres
1 — — —	10.000	—
1 — — —	8.000	—
1 — — —	1 000	—
3 — — —	1 500	—
Divers......	2 000	–
	43.000	—

Chiffre auquel il faut ajouter importation :

1 importateur	15.000	—
Divers (y compris les essences)	5.000	—
	20 000	—
Fait au total......	63.000	—

63 000 : 10 = 6.300

Donc 7.000.000 de Belges consomment six mille litres d'absinthe par an. C'est peu, on en conviendra.

Mais s'il s'était agi de la suppression du Genièvre par exemple, dont l'abus, mais l'abus seul, est tout aussi nuisible à la santé que celui de l'Absinthe, nous pensons que le législateur aurait reculé devant les protestations générales, qui se seraient produites, tant de la part des consommateurs, que des négociants et distillateurs.

HOLLANDE

Bien que grand pays de consommation et de fabrication de liqueurs, la Hollande n'avait qu'une exposition bien peu importante à Liège ; la France et même la Belgique la laissaient loin derrière elles, non seulement au point de vue des exposants, mais aussi comme nouveaux produits.

En Hollande cependant, plus peut-être qu'en Belgique encore, on consomme des produits spéciaux, des apéritifs et des liqueurs ; mais, dans ce pays, ce n'est pas par vogue, par mode, c'est par tradition, c'est par besoin.

Si, de passage à Amsterdam, vous fréquentez le grand café Kratnapolski, entre cinq et huit heures du soir, ne soyez pas étonnés de voir toutes les tables de ce vaste établissement, presque unique au monde, garnies de consommateurs hollandais qui, tout en fumant leur cigare, absorbent méthodiquement, lentement leurs consommations. Mais à part quelques clients faits aux usages français, des voyageurs de passage, ce n'est ni l'Absinthe, ni le Vermouth, ni le Byrrh, que vous voyez sur les tables : la consommation favorite est, soit un verre de Porto, que les Hollandais possèdent excellent, car ils en sont grands importateurs, soit et surtout un verre de Genièvre, de Schiedam, fabriqué dans la petite ville de ce nom, située près d'Amsterdam et qui est bien le meilleur Genièvre connu. Nous en avons dégusté quelques-uns à l'Exposition de Liège, venant des maisons Bolls, Hulstkamp's, Focking. On le sert dans un petit verre ballon, de la contenance d'un verre à Bordeaux, et chaque consommateur reçoit en même temps une coquette soucoupe en cristal, garnie de sucre cristallisé, parfaitement blanc, dont il prend quelques petites cuillerées, pour les verser dans son Genièvre, titrant de 40 à 50° environ, il reste donc cinquante-cinq parties d'eau, pour faire fondre ce sucre en tout ou partie.

Le Schiedam, voilà la grande consommation du pays. La nécessité, car c'en est une, s'explique par l'atmosphère brumeuse et humide qu'on y rencontre pendant les deux tiers de l'année ; aussi n'est-ce pas un verre, mais deux, trois, quatre et même cinq verres de Genièvre que tout bon Hollandais doit absorber chaque soir, sur les six ou sept heures, en guise d'apéritif.

Le Français qui habite quelque temps la Hollande ne tarde pas à subir ce besoin, à se laisser aller à cet entrainement ; il prend, lui aussi, son verre de Genièvre.

*
* *

En Hollande, on consomme bien encore le Genièvre le matin, mais c'est plutôt alors additionné d'Amer ; l'on boit aussi de l'Amer tout pur ou de l'Amer additionné de Curaçao.

Il faut voir défiler les consommateurs dans les nombreux estaminets d'Amsterdam, notamment dans celui si pittoresque et si empreint de couleur locale, qu'a conservé la maison Fockinck près de sa fabrique :

Situé dans une rue étroite, difficile à trouver pour qui ne la connaît pas, cet estaminet est une sorte de sous-sol très bas d'étage, aux vitraux bizarres, aux murs garnis de vieilles amphores, dames-jeannes et bouteilles primitives, rappelant bien plutôt le laboratoire d'un alchimiste que la buvette d'un fabricant de liqueurs. Il s'en dégage un parfum inimitable de Genièvre, de Bitter, d'Ecorces d'Oranges, de Cherry-Brandy qui, dans l'ensemble, n'a rien de désagréable, tout au contraire ; et pendant toute la matinée, peut-être même toute la journée, défilent dans cet estaminet d'interminables théories de consommateurs de tout rang, de tout âge, de toutes conditions qui, pour 10 cents (0 fr. 20) fument et boivent sans mot dire ; ceux qui ne sont pas encore servis attendent patiemment qu'il y ait de la place pour passer à leur tour et consommer qui un Amer pur, qui un Genièvre Amer, qui un Cherry, qui un Amer Curaçao ; c'est une tradition.

*
* *

Ah ! le Curaçao, la voilà bien la grande liqueur hollandaise ! Un « Foukinn » comme le disait, mais comme le dit maintenant beaucoup moins, en France le garçon limonadier ou le sommelier de restaurant stylé, qui croit avoir tout dit quand il a répondu au consommateur français : « Un Curaçao Monsieur ? Nous avons le Foukinn ».....

Certes, nous, Membres du Jury, qui, pour la plupart, depuis 20 ans, avons tant dégusté de Curaçaos dans toutes les Expositions, nous ne voudrions pas discuter le bien fondé de cette réputation quasi-universelle, mais nous avons la certitude de ne pas nous tromper en affirmant que les Cherry-Brandy, les Anisette, les Koff de cette maison sont supérieurs comme produits à leur Curaçao, sur lequel cependant s'est établie cette réputation : ils n'ont encore en rien modifié leur antique manière de traiter cette liqueur, ils ne l'ont point modernisée, comme l'ont fait pourtant certains de leurs confrères liquoristes, Hollandais comme eux.

Nous ne le leur reprochons pas, car c'est là ce qui nous a permis, à nous, liquoristes français, après avoir étudié sur place le goût général hollandais, d'arriver sur leurs marchés avec un Curaçao dont nous avions exclu la couleur et le goût du Caramel, Curaçao blanc conséquemment, plus sec et plus parfumé, quoique par des procédés et des produits différents des leurs.

Pénétrer chez les Hollandais n'est donc pas la chose la plus difficile pour le liquoriste français, parce que l'usage de la liqueur est très répandu et qu'il n'est pas besoin de l'y faire naître, comme nous en verons la nécessité en Allemagne, par exemple. Pourtant il faudra de grands efforts.

Peu de pays, en effet, sont aussi conservateurs que la Hollande, dont la population reste fidèle à ses traditions, à ses fournisseurs, car, tout en appréciant hautement les produits français, dont ils reconnaissent en général la valeur et la qualité, ils restent néanmoins assez réfractaires à l'introduction chez eux de nouveaux types, en dehors de ceux qu'ils fabriquent ou qu'ils ont adoptés. Leur chauvinisme les conduit tout naturellement à proclamer qu'après tout ils ont chez eux d'excellents produits et qu'ils n'iront en chercher d'autres ailleurs que quand ils en éprouveront le besoin et que l'utilité leur en sera démontrée.

Nous devons reconnaître que le fait est exact, du moins pour les liqueurs et apéritifs.

Il s'agit donc pour le liquoriste, comme on dit vulgairement, de « trouver le joint » comme l'ont su faire les industriels allemands qui sont parvenus à inonder la Hollande de leurs produits : photographies, livres et impressions, articles de bazar, bibelots et un certain nombre de leurs meilleures marques de conserves alimentaires.

Suivons donc avec ténacité et persévérance les indications que j'ai données plus haut et peu à peu nos liqueurs, et surtout le Curaçao blanc sec, iront prendre leur place auprès des liqueurs nationales hollandaises.

*
* *

Contrairement à ce que nous avons dit pour la Belgique, chez laquelle nous avons démontré la nécessité d'établir des succursales de nos fabriques cela n'est point indispensable pour la Hollande.

Le droit de douane n'y est pas prohibitif et l'avantage qu'on y trouverait soit par l'expédition des liqueurs en fûts, soit même par l'introduction des alcoolats parfumés, ne compenserait la dépense d'une installation, d'un matériel et d'un personnel spécial, qu'à la condition d'avoir un grand débouché.

Contentons-nous purement et simplement pour les débuts d'expédier de France nos liqueurs en caisses. Conservant ainsi leur cachet d'origine, point très important en Hollande, elles acquitteront à leur entrée un droit de 100 florins (soit 210 fr.) par 100 flacons de 1 litre, c'est-à-dire que, les droits étant de 63 florins d'accise, plus 3 florins 50 d'entrée, ou 66 florins 50 pour liqueurs en fût à 50°, ces liqueurs en bouteilles seront considérées comme titrant 75° et taxées comme telles.

Espérons que ce pays ne fera pas comme ceux qui nous environnent et ne relèvera pas ses droits de douane sur les liqueurs.

Si les mêmes liqueurs étaient expédiées en fûts, titrant moins de 50° elles seraient imposées comme ayant cette richesse alcoolique et acquitteraient les droits ci-dessus spécifiés, soit 66 florins 50 (140 fr. environ), ce qui constituerait néanmoins une différence de 0 fr. 70 par litre pour le liquoriste français qui voudrait faire son embouteillage en Hollande, marge évidemment considérable, mais qui serait bien diminuée en raison du transport et des droits de douane dont seraient grevés les flacons et tout l'habillage qui constituent le conditionnement d'une caisse de liqueurs.

En d'autres termes et pour résumer les droits de douane hollandais sur les liqueurs, elles paient 133 florins pour 100 litres d'alcool pur avec un minimum de 50 degrés quand elles sont expédiées en fût, et sont considérées comme titrant 75° quand elles sont expédiées en bouteilles. Mais c'est là une tarification, une base qu'il faut déduire des explications embrouillées à plaisir que vous donnent les agents en douane. Malgré toute leur complaisance qu'il faut reconnaître, ils essaient d'expliquer dans deux pages de copie ce qu'ils pourraient dire en trois lignes.

D'autres part, si nous voulons introduire pour la fabrication des liqueurs des alcoolats, ces alcoolats à 80° paieraient les droits sur la même base, soit 80 — 133 — 106 florins 40 ou 233 fr. 44 c. pour 100 litres d'alcoolat à 80°, ce qui donne 177 fr. pour 100 litres de liqueur à 40 degrés puisque nous estimons qu'un litre d'alcoolat mélangé au sucre donne deux litres de liqueur au degré indiqué.

Il y a donc certes un intérêt à introduire en Hollande les liqueurs sous forme d'alcoolats ou en fûts, mais il est loin de représenter le même avantage qu'en Belgique. Du reste le Hollandais ne s'attarde que bien peu à cette considération du prix si la liqueur est de son goût ; et le produit fera son chemin s'il est bien présenté, bien lancé par un bon agent actif et sérieux, bien secondé par une publicité intelligente. Mais il faut ajouter qu'elle est fort difficile et fort coûteuse ; le grand affichage proprement dit n'y existe guère, peu de murs y sont consacrés et c'est surtout par les journaux qu'on atteint un certain résultat en payant des prix élevés.

Il est d'autant plus intéressant de tenter les affaires en Hollande que c'est non seulement dans ce pays qu'on consomme des liqueurs, mais aussi dans les colonies néerlandaises, aux Indes Orientales ; car des villes comme Samarand, Soerabaya, Batavia, etc., offrent des débouchés considérables, où il sera facile au liquoriste français de prendre sa place s'il a su s'implanter en Hollande où les grandes maisons de commerce ont des comptoirs, très influents, très bien gérés par des négociants hors de pair comme le sont tous les Hollandais.

Ajoutons que les relations sont très agréables avec ce pays où l'honnêteté la plus scrupuleuse, la loyauté la plus sincère, président à toutes les transactions.

Mais il est regrettable que les Négociants français qui veulent tenter les affaires dans ce grand pays de consommation, ne soient pas traités sur le même pied d'égalité par les Compagnies de chemins de fer françaises.

Il existe en effet, entre Bordeaux-Amsterdam, un tarif spécial très réduit (P. V. 400), mais il ne profite qu'à Bordeaux, ou aux villes traversées par l'itinéraire légal.

Quand on n'a pas le bonheur d'occuper un point de cet itinéraire, il faut payer le prix du tarif général et alors ce sont des différences énormes à supporter.

Prenons un exemple :

Un wagon complet de 8,000 kilogs, paiera de
Bordeaux pour Amsterdam...................... 31 fr. 54 la tonne

Si ce wagon et expédié d'Angers, il paiera par
l'itinéraire légal (Ouest), environ............. 65 fr.   la tonne

Il est vrai qu'il peut profiter de l'itinéraire Bordeaux-Amsterdam ; mais alors il est obligé de voyager jusqu'à Tours, au tarif général, soit 16 fr. 55 la tonne, ce qui fait avec les 31 fr. 54 du
Tarif P. V. 400............................... 48 fr. 09 la tonne

La différence est grande comme on voit, *et cependant, Angers est plus près d'Amsterdam que Bordeaux* (environ de 250 kilomètres).

Votre rapporteur a tenté à plusieurs reprises de faire obtenir ce tarif en faveur d'Angers et de l'Anjou, où le commerce des vins et liqueurs est si florissant ; mais jusqu'à présent ses efforts sont demeurés vains, malgré cependant l'appui de la Chambre de Commerce d'Angers, et de l'Office National du Commerce Extérieur de la France, dont le concours est toujours assuré, de la façon la plus bienveillante et la plus éclairée, aux négociants français qui s'adressent à lui pour la défense de leurs intérêts ou pour avoir des conseils en ce qui concerne l'exportation.

Ce tarif aurait aidé puissamment au développement de l'exportation des vins et liqueurs de toute cette grande région, dont les Négociants ne peuvent lutter contre leurs confrères plus favorisés des régions bordelaises.

Nous sommes donc forcés de nous confier aux compagnies de navigation ; mais alors un autre ennui très grave surgit... c'est le connaissement avec ses restrictions, qui enlèvent au chargeur tout recours contre le transporteur, au sujet des accidents qui peuvent se produire en cours de route, et ils sont nombreux..., sans compter la tentation que nos produits exercent sur ceux qui sont chargés de leur manipulation. C'est très gênant pour l'exportateur, car le négociant hollandais ne veut pas endosser la responsabilité qui incombe généralement au destinataire de la marchandise.

C'est la loi naturelle cependant, c'est l'usage et c'est la logique aussi, puisque le destinataire a seul qualité pour reconnaître la marchandise à l'arrivée, et faire les réserves indispensables pour engager le transporteur.

Les Hollandais ne veulent rien entendre à ce sujet, et s'appuient sur un arrêt de la Haute Cour de Justice de la Haye, probablement interprété pour les besoins de la cause, qui dit que l'expéditeur doit à son client la totalité des marchandises qui figurent sur la facture.

On pourrait discuter cet arrêt : mais tous les négociants savent qu'il est difficile de soutenir une discussion de ce genre avec un client que la concurrence guette...

L'adoption, pour la région angevine du tarif P. V. 400 mettrait fin à ces ennuis, et procurerait un débouché très intéressant aux négociants et aux producteurs d'une contrée favorisée entre toutes, pour les produits du sol, aussi formons-nous le vœu que les nouvelles démarches entreprises à ce sujet par la Chambre de Commerce d'Angers, soient enfin couronnées de succès.

ALLEMAGNE

Il faut de plus en plus tourner nos regards vers l'Allemagne, qui semble vouloir consommer les bonnes liqueurs françaises, et qui ne possède que très peu de fabriques de liqueurs. C'est là, en effet, une branche de l'industrie qui n'a pas tenté nos voisins, si entreprenants cependant dans toutes les autres manifestations de la vie commerciale et industrielle.

Deux maisons seulement portaient à Liège, le pavillon des distillateurs allemands.

La maison Schlichte de Stainhagen, liqueurs et genièvres ; la maison Marckx, de Francfort-sur-le-Mein, kirschs. La première a obtenu un diplôme d'honneur, la seconde une médaille d'or.

Comme nous le disons plus haut, l'Allemagne, qui autrefois ne consommait que très peu de liqueurs, commence à marquer son goût pour nos grandes marques françaises, et nous pouvons espérer voir ce goût se développer et la consommation s'étendre ; mais cependant nos importations dans ce vaste empire ne seront jamais bien importantes, à cause des droits de douane qui frappent les liqueurs.

Ces droits sont de 300 francs par 100 kilogrammes, brut pour net, c'est-à-dire emballage compris, soit environ 6 francs par litre de liqueur.

Il n'y aura donc que la classe riche qui pourra consommer nos spécialités.

A moins cependant qu'il ne soit possible de faire entrer la liqueur logée en fûts, pour être mise ensuite en flacons sur le territoire allemand. Dans ces conditions, on économisera la douane sur le poids des emballages et le litre de liqueur ne paiera plus environ, y compris le droit sur les flacons étiquetés, capsules, bouchons, etc., etc., que 4 fr. 75 à 5 francs. C'est une économie appréciable évidemment ; mais le droit est encore trop élevé, pour nous laisser espérer voir établir des affaires importantes.

L'Allemagne ne possède presque pas de fabriques de liqueurs disons-nous, elle excelle cependant dans la fabrication des produits chimiques.

Elle tire de la houille et d'autres produits, des éthers avec lesquels elle prétend remplacer tous les parfums ; elle n'en fait guère encore des liqueurs, et pour cause, mais elle inonde de ses prospectus et de ses échantillons, les liquoristes français.

Quelques-uns s'en sont servis peut-être, mais la nouvelle loi des fraudes dont nous avons parlé, va en rendre l'emploi impossible et il ne faut pas le regretter.

Il n'est pas de semaines en effet, que nous ne recevions par la poste des séries complètes de cubes de bois minuscules, contenant des petites fioles étiquetées : Essence d'Ananas, de Roses, de Framboises, de Cognac, de Rhum, Vanille et Saccharine, etc. C'est avec ces produits qu'elle-même fabrique dans son port libre de Hambourg, les liqueurs de mauvaise qualité avec lesquelles elle cherche à nous faire concurrence dans les pays coloniaux.

Si l'on veut être fixé sur la valeur de ces essences, laissons-les toutes ensemble dans un tiroir de notre bureau, ouvrons de temps en temps ce tiroir, et l'odorat sera aussitôt saisi par un parfum assez pénétrant qui les résume tous, assez agréable toutefois, mais rappelant uniquement ce que nous appelons le bonbon anglais. Ce n'est pas avec ce produit que l'Allemagne pourra fabriquer des liqueurs convenables, pouvant avoir un jour des prétentions à la spécialité ; mais que les liquoristes français s'ils ont souci de leur réputation, se défient bien de les accueillir et de les employer. Qu'ils laissent les Allemands s'en servir : leurs essences ne vaudront jamais les beaux extraits de fleurs et de fruits fabriqués à Grasse, dans nos grandes usines françaises.

Je parle depuis si longtemps des Essences, qu'au point de vue liquoriste je dois cependant faire une exception : elle sera en faveur des Essences de Menthe Anglaise, que l'on s'accorde à trouver, peut-être à tort, plus fortes, plus fraîches et plus concentrées, mais non pourtant plus fines que nos essences de Menthe française du Midi. Tout au moins ont-elles le mérite, que n'ont pas les essences allemandes, d'être de provenance directe de la Menthe elle-même, que l'on cultive avec le plus grand soin en Angleterre.

En tous cas, la fabrication des liqueurs de qualité en Allemagne, est encore en enfance ; il est vrai que ce pays n'a pas de besoins. J'ai visité Munich, Vienne, Budapest, Prague, Berlin et Hambourg, même Leipzig et la grande et merveilleuse fabrique des produits synthétiques Schimmel. Je n'ai jamais pu me procurer dans toutes ces villes, un verre de Bitter ou d'Absinthe française. A Budapest, pourtant, dans un hôtel du Ring, on m'apporta, après une demi-heure d'attente, une vieille et poussiéreuse bouteille d'Absinthe, portant l'étiquette d'une bonne maison française. A Vienne, j'ai pu obtenir, à force d'insistance, un liquide, ressemblant en couleur à la liqueur verte, mais qui, au goût et à l'odorat n'était plus qu'une affreuse macération sans méthode ni raisonnement, de plantes aromatiques dans un mauvais alcool, où le camphre dominait. Ce breuvage était absolument imbuvable, même allongé de dix fois son volume d'eau.

Le français n'a plus qu'une ressource dans ce cas, celle de refuser l'affreux breuvage qu'on lui apporte, après l'avoir payé pourtant.

Le patron d'un établissement peut d'ailleurs impunément dans ce pays, servir au consommateur ce que bon lui semble, car si chez nous, le consommateur exige une marque, il exige de plus qu'on apporte devant lui la bouteille qui contient le produit, de telle sorte qu'il puisse contrôler si la marque qu'on lui sert est bien celle qu'il a demandée.

La liqueur là-bas, au contraire, est servie sur un plateau dans un petit verre qu'a lui-même rempli le patron, sans que le flacon sorte de son officine.

Les cafés de l'Allemagne sont tout aussi vastes, tout aussi luxueux que nos cafés français et même, alors qu'en France nous voyons nos grands établissements se transformer, comme l'a fait par exemple le Café Riche à Paris, et tant d'autres en brasseries, au contraire, en Allemagne, s'il s'élève un nouveau café, il est copié sur le modèle de nos grands cafés, de la Paix, de l'Opéra et d'autres. Il suffit pour s'en convaincre d'entrer dans le magnifique établissement qui touche l'hôtel Métropole dans Friederichstrasse, à Berlin, et de parcourir la vaste promenade des Tilleuls (Unterlinden).

*
* *

Mais la consommation n'y est pas la même ; la bière y vient en première ligne, puis le café et l'eau pure. Un consommateur se présente-t-il de midi à six heures du soir dans un de ces établissements, on lui sert aussitôt du café, excellent d'ailleurs, de la crème adsolument fraîche et un verre d'eau, glacée naturellement.

Toutes les dix minutes, et sans qu'il soit besoin de rien demander, un garçon bien dressé remplace par d'autres, remplis d'eau glacée, les premiers verres, à moitié consommés, qui ont perdu leur fraîcheur.

C'est surtout à Vienne, en Autriche, que ce système est apprécié. La population y jouit des incomparables eaux de Styrie, amenées à grands frais dans la ville ; partout on en trouve : dans les cafés, dans les théâtres, dans les églises, à la disposition du public, coulant claires, propres, répandues en abondance. On nous affirmait que la qualité des eaux de la Bavière, était une des principales causes de la supériorité des bières de Munich.

Donc, pas de liqueurs ; la Chartreuse n'y est qu'une détestable imitation, le Picon y est inconnu, le Vermouth, quand on en trouve, imbuvable. Nous avons vu cependant avec le plus grand plaisir, les bonnes marques de Fine Champagne françaises, et notamment à Berlin, les marques Bisquit-Dubouché, Martell, Hennessy ; le Rhum Négrita, la Bénédictine, y sont très consommés et très appréciés.

Les jeunes gens riches, les viveurs comme on dit en France, et il y en a, boivent du Champagne ; les marques françaises y sont en honneur, mais, qu'elle qu'en soit la qualité, le droit de douane est de 2 fr. 25 par bouteille et l'Allemagne en fabrique aujourd'hui un peu partout, dans le Nord, avec certains vins de la Moselle et du Luxembourg, dans le Centre avec les vins du Rhin, dans le Midi, avec les vins de Hongrie. Aussi, quelques maisons françaises ont-elles commencé à s'y établir et, avec les procédés perfectionnés qui sont de création absolument française, elles arrivent, comme la maison Mercier d'Épernay, par exemple, dans le Grand-Duché de Luxembourg, à répandre chaque année sur l'Allemagne quelques millions de bouteilles, fabriquées dans le pays même.

Le peuple et le soldat boivent le Sshnaps, détestable eau-de-vie de 3/6 dédoublé de pommes de terre, que j'ai eu la curiosité de goûter et qui certes ne justifie pas ce que l'on entend dire trop souvent en France : les alcools allemands remplacent nos eaux-de-vie de Cognac.

Il est vrai qu'il y a vingt-cinq ans, une marque de 3/6 s'était acclimatée en France, la marque Wrede, de Berlin ; c'était une vogue, une fureur. On s'habituait peu à peu dans notre commerce de liqueurs à considérer cette marque Wrede, comme le « nec plus ultra » du genre. Les Hambourgeois fabriquaient à Altona, faubourg de Hambourg (et ils y fabriquent encore des dédoublés à 45 ou 47°), qu'ils appelaient Cognacs et qui s'en allaient dans le monde entier, pour le plus grand préjudice de nos productions nationales. Chacun de nous a même entendu dire, s'il ne l'a pas vu, que des milliers de caisses arrivaient à Cognac sans estampille et en repartaient intactes pour l'Allemagne et les Colonies, avec la marque « Cognac » et la garantie d'origine ; c'était tout simplement de ces fameux 3/6 allemands. Le commerce cognaçais s'est ému et nos bons voisins ont dû renoncer à cette pratique.

La supériorité des 3/6 allemands sur nos 3/6 français est donc désormais une légende et, s'il en restait quelque trace, il faudrait la détruire, car depuis vingt ans, combien ont été grands les progrès réalisés par nos distillateurs français, piqués au jeu et encouragés par le gouvernement ! On peut dire en effet, que nos grandes distilleries françaises sont arrivées à produire des alcools absolument neutres et parfaits.

Ils ont travaillé, ils ont mis en œuvre les magnifiques appareils Savalle et certainement aujourd'hui nous pouvons affirmer, nous, liquoristes français, qui les travaillons dans nos multiples fabrications, que, soit de betteraves, soit de mélasse, soit de grains, nos 3/6 français, cœur de rectification, sont supérieurs aux 3/6 allemands, lesquels du reste sont restés stationnaires, leur principale raison d'être étant, non pas la consommation intérieure, mais bien l'exportation en France, où ils n'entrent plus ou presque plus aujourd'hui.

J'ai parlé du Grand duché de Luxembourg et j'ai dit, qu'une grande Maison française y avait établi une grande fabrique de Vins de Champagne. Placée à la porte de la France, à une distance relativement courte d'Épernay, siège social de la maison Mercier, cette succursale peut y recevoir directement ses Vins de la Champagne et utiliser, si

elle le veut, les vins du Luxembourg et de la Moselle. Habilement dirigée, elle occupe un personnel très nombreux, composé en majorité
d'ouvriers luxembourgeois, conduits par des contre-maîtres français,
elle fait valoir l'influence française sur tout le pays, d'une façon considérable.

Mais il y a plus, et c'est pour cela que j'ai pris la liberté dans ce
Rapport, de citer cette Maison. M. Mercier ayant fait les premières
études, les premiers sacrifices, fait bénéficier ses compatriotes français
de son expérience et met à leur service toutes les ressources de son établissement, avec une complaisance inépuisable. Propriétaire de terrains immenses, près de la gare de Luxembourg, il verra certainement
se grouper peu à peu autour de lui, ceux de nos compatriotes qui voudront bien comprendre que le meilleur moyen de combattre l'Allemagne industrielle, est d'aller chez elle, profitant de ses lois, acquérant la
connaissance des mœurs de ses habitants et mettant à profit les facilités très réelles et même la protection qu'on y trouve, bien qu'étranger.

Le Luxembourg est, comme la Belgique, français de cœur ; la langue
française, malgré les efforts de l'Allemagne, y est parlée, même dans
le peuple, ouvriers, boutiquiers petits et gros commerçants ; la monnaie française y a cours, l'unité est le franc et non le mark, ce qui a une
certaine importance. Les usages de la Banque et du notariat y sont à
peu près les mêmes que chez nous et le gouvernement du Grand-Duc
y est extrêmement paternel : tout français qui se présente, est, sans
faire antichambre, immédiatement reçu par l'un de ses ministres, qui
avec la meilleure grâce, et la plus grande affabilité, s'empresse de lui
donner tous les renseignements utiles.

Le Luxembourg est de plus un pays où l'industrie est florissante.
Hauts-fourneaux, usines métallurgiques, brasseries, etc., occupent un
grand nombre d'ouvriers. On y travaille le cuir repoussé, les instruments de musique, et on y récolte des vins souvent très réussis, et
que nous avions dégustés avec plaisir à l'Exposition de Bruxelles en
1897. C'est dire qu'on y trouve des éléments d'affaires, des traditions
de commerce et d'industrie précieuses pour les français établis, qui
peuvent y recruter un personnel de bureau instruit, des ouvriers laborieux et disciplinés.

Enfin, les impôts sont établis ainsi qu'il suit :

Valeur locative : 8 0/0 du loyer présumé ;
Foncier non bâti : 8 0/0 du revenu cadastral ;
Impôt industriel : 2 0/0 sur le net des bénéfices.

Liberté est donnée au Luxembourgeois de déclarer ou non son revenu ; il est taxé d'office, et peut réclamer au Conseil spécial s'il se

trouve mal taxé. Il peut faire appel au Conseil d'Etat s'il n'est pas satisfait du jugement du Conseil spécial.

Aucun impôt n'est perçu sur le matériel industriel. L'ouvrier et l'employé paient 1 °/° de leur salaire jusqu'à 5.000 fr., et 2 °/° au-dessus.

Pas d'impôts indirects, liberté de la circulation des vins et alcools.

Le Français trouvera en toute occasion près du ministre de France, et du personnel de la légation, toutes les explications, toutes les facilités désirables et le plus sympathique accueil.

Mais ce ne sont pas là les seuls avantages que trouvera en Luxembourg le liquoriste français qui voudra s'y établir. Le Luxembourg est situé dans ce qu'on appelle le Zollverein, c'est-à-dire qu'il fait partie de l'Union Douanière Allemande. Le liquoriste à l'entrée en Luxembourg acquittera donc les droits de douane allemands, et il pourra ensuite fabriquer à sa guise ses produits, les faire circuler librement et entrer directement en Allemagne sans nouveaux droits à payer, sans nouvelles formalités ennuyeuses à remplir.

Il faut donc s'établir en Luxembourg, et l'on me pardonnera si, pour être plus clair et fournir des renseignements plus précis et véritablement utiles à mes collègues français, j'emploie la forme personnelle en indiquant ce que j'ai fait moi-même et comment je m'y suis pris pour créer la petite affaire que j'avais installée.

Ayant réussi à implanter en Belgique ma spécialité, ayant créé dans ce pays un Agent général pour la Belgique et l'Allemagne, réunissant les conditions que j'ai indiquées plus haut, c'est-à-dire français, bien placé et bien considéré en Belgique, connaissant admirablement la langue allemande et les usages allemands. Lui-même créa des sous-agents en Autriche et à Berlin et bientôt mes produits spéciaux étaient introduits, tout au moins comme échantillons, dans les seuls établissements allemands où ils étaient susceptibles d'être vendus et appréciés : les « *Conditorei* », sortes d'épiciers genre Potin, et les marchands de « *delicatessen* », qui représentent assez bien à Berlin le pâtissier-glacier français, où à certaines heures du jour la société berlinoise entre se reposer un moment, comme on le fait à Paris au milieu de la promenade, pour consommer une glace ou une boisson rafraîchissante quelconque ; puis enfin, dans les *casinos militaires*, où se consomment des liqueurs. (Les officiers et sous-officiers de l'armée allemande, quoi qu'ils en disent, ne sont jamais plus heureux ni plus flattés que lorsqu'ils vivent à la française).

Certains estaminets existent en Allemagne où les jeunes gens riches, gavés de Bière et de Champagne, demandent et consomment des liqueurs hollandaises, le Curaçao, le Cherry-Brandy et quelquefois la

Chartreuse et la Bénédictine, en même temps que les Fines-Champagnes de France. Il s'agit donc d'entrer après elles, implanter nos spécialités dans ces établissements, ce qui viendra peu à peu à la suite de nos confrères dont je viens de parler, qui nous ont ouvert la voie, et dont la marche ascendante se poursuit lentement et sûrement, comme tout en Allemagne, quand on a la patience et la persévérance.

Mais là aussi, si le consommateur de liqueurs consent à payer cher un flacon d'un produit dont la réputation est consacrée par une longue existence, s'il n'hésite pas à payer près de 14 marks (17 fr. 50) un litre de Chartreuse, de Cherry-Brandy hollandais, il a peine à donner, même à 13 fr., sa faveur à un produit nouveau venu dans son pays. Or, avec les droits de douane actuels, il est impossible de vendre un flacon de liqueur moins cher, même avec un prix initial très bas, si on l'exporte directement de France logé en caisses.

Le flacon de liqueur d'origine française, ou autre, paie à l'entrée en douane, quelle que soit sa qualité, 2 marks 40 par kilogramme brut (soit 3 francs). Un flacon plein, de contenance de litre, pesant 2 kilos, le prix total, pour la douane seulement, sera de 6 francs, en dehors du prix de la marchandise, du transport et du bénéfice.

Prenons par exemple un litre de liqueur, spécialité au prix moyen de France :

Prix initial chez le producteur, le flacon litre...... 3 fr.
Transport et opérations de douane.............. 1 fr.
Douane .... 6 fr.
Bénéfice des intermédiaires .... 3 fr.
____
Le prix total, vendu à la consommation ne pourra
    donc être inférieur à........................ 13 fr.
    ou 13 fr. 50.

Les liqueurs courantes de qualité moyenne ne pourront donc pas utilement pénétrer en Allemagne, car il faudrait vendre 9 et 10 fr. ce qui en France est payé couramment 2 fr. 50 et 3 fr. Seules les marques ou spécialités pourront s'y implanter, à la condition de s'y vendre un prix raisonné. Le but du spécialiste français sera de faire comprendre à la clientèle qu'elle peut acquérir une bonne liqueur française, spécialité bien faite, bien soignée, sans dépenser 15 fr., comme elle doit le faire actuellement ; mais pour cela *il faut établir sa fabrique en Allemagne.*

Établissement d'une fabrique de liqueurs au Luxembourg

Après un premier voyage d'exploration en Luxembourg, où j'avais rendu visite à M. le Ministre de France, qui, très aimablement, avait mis à ma disposition des tarifs de douane allemands et exemplaires en français des lois allemandes et luxembourgeoises, je m'étais mis en rapport avec le représentant de la Maison Mercier. J'avais acquis, pour 12 francs le mètre un terrain de 1.000 mètres carrés dans ses environs ; j'avais dressé un plan de petite usine modèle, établi le devis d'un laboratoire de 250 mètres de surface couverte, largement aménagé, largement éclairé ; j'avais enclos le reste de mon terrain et traité avec un entrepreneur, qui, en quatre mois, avait édifié ma construction très solidement, très convenablement, à des prix de série se rapprochant de ceux pratiqués en France : pierres du pays, bois du Nord, ardoises des Ardennes ; j'avais fait construire un puits de 10 mètres de profondeur, car l'eau potable et celle pour les machines à vapeur sont extrêmement difficiles à trouver.

Puis, j'avais détaché du personnel de ma maison française un jeune homme intelligent, alsacien, connaissant la langue allemande, au courant de la manipulation et des usages de ma maison en France, et je l'avais chargé d'installer le laboratoire de Luxembourg, avec chaudière, machine à vapeur, éclairage électrique, alambics perfectionnés. J'aurais été ainsi en mesure de pouvoir, plus tard, si je l'avais jugé convenable, fabriquer toutes les liqueurs de toutes qualités, comme nous le faisons en France, comme le fait avec succès déjà depuis des années la même maison française Cusenier, qui, outre sa succursale de Bruxelles, a installé aussi une usine à Mulhouse.

Mais je m'étais contenté pour les débuts de produire par distillation la liqueur de Menthe à la française et de fabriquer mes spécialités : Guignolet d'Angers et Triple-Sec, par les procédés qui vont suivre et que permet la loi allemande :

1° Expédier au Luxembourg les Alcoolats de Curaçao fabriqués en France ;

2° Expédier au Luxembourg, pour fabriquer le Guignolet d'Angers, les jus de cerises obtenus en France.

Si le tarif de la loi allemande impose 240 marks (ou 300 francs) par 100 kilogs les liqueurs fabriquées, soit en fûts, soit en bouteilles, elle impose seulement à 160 marks (ou 200 francs) les 100 kilogs d'alcool de provenance érangère.

On peut donc faire entrer en Luxembourg 100 litres d'Alcoolat fabriqué en France d'après nos procédés habituels, avec les ressources d'une maison bien outillée, largement approvisionnée en matières premières, zestes et alcool de vin, et payer :

100 litres Alcool à 80°, douane : 200 francs.

J'opérais en Luxembourg le mélange du sucre, en empolyant le sucre raffiné luxembourgeois, qui ne coûte pas plus cher actuellement qu'en France ; et, si je considère qu'un litre d'alcoolat et un litre de sirop font deux litres de liqueur, j'arrivais à obtenir pour 1 franc ou 1 fr. 50 maximum, *droits de douane et transport*, ce qui coûtait 7 francs. Si j'ajoute le prix des matières premières employées, j'arrive à un prix de revient qui me permet de vendre 7 fr. 50 ou 8 francs, avec un bénéfice raisonnable.

J'avais bien, il est vrai, un droit de douane de 20 marks (ou 25 fr.) sur le flaconnage, car je n'ai pas pu trouver en Allemagne une verrerie qui pût me faire le flacon que j'emploie, de verre doux et résistant, comme celui qui m'est fourni par l'une de nos premières verreries françaises, la maison Legras, de la plaine Saint-Denis.

Quant aux sucres raffinés allemands, ils ne valent pas nos inimitables raffinés des grandes maisons parisiennes ; mais ils ont un degré saccharimétrique suffisant et, à la fonte, ils restent parfaitement blancs, inodores et sans saveur étrangère au sucre.

Les jus de cerises, à la condition de n'être ni sucrés ni alcoolisés au-delà d'un bas degré, entrent à 60 marks (ou 75 francs) les 100 kilogs. Je les sucrais en Luxembourg et les ramenais au titre alcoolique qu'ils doivent avoir avec de l'alcool luxembourgeois, de bonne qualité, qui me coûtait 166 francs l'hectolitre à 95°, tous droits payés.

En somme, si je veux faire une comparaison au point de vue du prix coûtant et du prix de vente, entre une liqueur fabriquée en France, avec nos droits français, et une liqueur fabriquée en Allemagne, d'après les procédés que je viens d'indiquer, je prendrai une liqueur de 30 degrés, d'alcool comme type, laquelle me coûtera en France, pour 100 litres :

Spécimen d'une liqueur à 30 degrés d'alcool fabriquée en France, droits de consommation, entrée et octroi compris

Alcoolat ou esprit parfumé, 25 litres à 100 fr......... 25 fr.

Trois-six à 95°, 6 litres à 50 fr... .... 3 fr.

Sucre, 35 kilogs à 60 fr.......... .... 21 fr.
Droits français de consommation 200 fr. les 100°
Octroi et entrée en moyenne   60 fr.   —

                                        ____

                              280 fr. les 100°
Soit pour 30 litres d'alcool pur à 280 fr. l'hectolitre.. 84 fr.
Caisses, flacons, habillages et transport.............. 50 fr.
Il convient d'ajouter pour frais généraux............ 7 fr.

                                        ____

Le prix de revient de 100 litres sera donc de.......... 190 fr.

Le litre sera vendu, droits payés, au marchand, 2 fr. 30 ou 2 fr. 60 ;au
consommateur, de 2 fr. 50 à 3 fr. 25.

Si la même liqueur, telle qu'elle est composée ci-dessus, devait entrer
en Allemagne, il faudrait retrancher les 84 fr. de droits français, et,
ajoutant 600 francs de droits allemands, et 0 fr. 50 de faux frais
$(190 - 84 + 600 + 50 = 756)$ on trouverait le prix de 7 fr. 55. La liqueur
qu'on vend de 2 à 3 fr. 50 en France, devra donc être vendue 8 fr. 50
au minimum en Allemagne.

Liqueur à 30 degrés fabriquée en Luxembourg, avec alcoolat
importé de France en fûts

Prenons donc la même, à 30° d'alcool, fabriquée en Luxembourg
avec alcoolat venant de France, nous trouvons :

Alcoolat fabriqué en France, 25 litres à 100 fr..... 25 fr. »
Transport , 25 kilogs environ à 10 fr.............. 2 fr. 50
Droits de douane allemands, 25 kilogs env. (à 200 fr.
    les 100 kilogs)................................... 50 fr. »
Alcool à 95°, 6 litres à 166 fr. (droits compris)...... 10 fr. »
Sucre, 35 kilogs à 60 fr. les 100 kilogs.............. 21 fr. »
Caisse, flacons, habillage, transport.............. 50 fr. »
Frais généraux................................... 6 fr. 50

                                        ____

Le prix de 100 litres............................. 165 fr. »

sera donc un peu moindre que celui obtenu en France, de sorte que la
liqueur fabriquée dans ces conditions pourra être vendue en Allemagne, de 2 francs à 2 fr. 50 et l'on gagne la liberté de circulation, dont
nous ne jouissons pas en France. Conclusion : si nous voulons faire des
affaires en Allemagne, il faut nous y établir.

Voilà pour le côté industriel, reste la question commerciale ; elle est difficile. L'Allemagne, je l'ai dit, ne consomme pas de liqueurs ; seules, l'Alsace et la Lorraine ont conservé une partie de leurs anciennes habitudes françaises. Dans le Luxembourg également, on trouve à peu près les mêmes produits en consommation que chez nous. Mais ce n'est là qu'une toute petite partie de cet empire allemand qu'il nous faut conquérir, et, pour le conquérir, il faut des voyageurs actifs, des représentants bien cotés, une publicité intense, faite au goût de nos voisins, qui n'ont pas tout à fait le nôtre.

Un voyageur, que l'on paie en France 15 à 18 francs par jour, coûte là-bas, 20 marks (ou 25 francs), pour ses frais de route journaliers ; il lui faut des appointements fixes de 100 marks (ou 125 francs) par mois, au minimum, et une remise sur ses affaires qui ne peut être inférieure à 5 0/0.

Ne comptez pas pour les débuts qu'il obtiendra même 100 francs de vente journalière, mais supposons-le, et considérons que 300 jours de voyage par an rapporteront ainsi 30.000 francs d'affaires et coûteront :

<pre>
300 jours à 25 francs............................ 7.500 fr.
12 mois à 125 francs............................ 1.500 fr.
5 °/° sur 30.000 francs d'affaires................. 1.500 fr.
                                                 ─────────
                            au total.......... 10.500 fr.
</pre>

ou 35 0/0 du prix de placement, non compris la publicité.

Ce pourcentage, qui devra diminuer d'année en année, est bien élevé, mais il reste encore une petite marge et le but à atteindre sera d'obtenir du voyageur, en l'aidant de conseils, de déplacements personnels, de publicité, qu'il double son chiffre d'affaires et réduise ainsi de 15 à 20 0/0 le prix du placement, ce qui rentre à peu près dans la normale.

Ce tableau, on le voit, n'est pas séduisant ; mais il est exact, et il faut un certain courage pour tenter l'entreprise. Aussi l'idéal sera-t-il la création dans le Gand Duché, d'une grande Maison réunissant dans une vaste association une douzaine de spécialistes français. Ce serait là de notre part une belle manifestation de l'esprit syndical, si répandu en France aujourd'hui. Il aurait le mérite de l'originalité et présenterait un côté pratique qui nous a peut-être quelquefois manqué jusqu'à ce jour.

Que voyons-nous, en effet, au point de vue syndical ? Chaque département de France a son Syndicat de Vins, Spiritueux et Liqueurs en gros ; leur but est évidemment l'union pour la défense des intérêts de ce commerce ; c'est leur titre, c'est leur raison d'être.

Mais, dans la pratique, que se passe-t-il ? Quels sont les efforts ? Pour la plupart du temps, cela se résume dans l'exposé de revendications adressées à nos gouvernants, l'émission de vœux pour obtenir quelques améliorations administratives.

Que deviennent ces revendications ? A quoi aboutissent ces vœux ? Le tout reste bien souvent sans effet, si bien que, quoique seulement mensuelles, les réunions des Syndicats sont peu suivies, le découragement s'empare des syndiqués qui désertent le Syndicat.

Faisons donc besogne plus utile ! Les Syndicats agricoles nous donnent à ce sujet un bel exemple : ils aident leurs syndiqués, ils leur procurent des banquiers et quelquefois des fonds, ils leur donnent des conseils pratiques et leur fournissent à meilleur compte, semences choisies, engrais et instruments contrôlés par des Commissions directes.

Que n'abandonnons-nous pas, pour entrer dans une nouvelle voie, cette routine, qui fait quelquefois de nos Syndicats de petites chapelles d'adoration mutuelle, où l'on échange périodiquement rhubarbe et séné, dans des réunions souvent stériles et des banquets qui ne prouvent pas autre chose que la vieille gaieté gauloise, et justifient presque ce dicton populaire, que « tout en France finit par des chansons ! »

Pourquoi par exemple, les Syndicats de Liquoristes n'essaieraient-ils pas de créer des sortes d'écoles professionnelles d'apprentissage, dans lesquelles nous chercherions à assurer l'avenir, en dressant des jeunes gens à la connaissance d'un métier qui se perdra si l'on n'y prend garde ?

Nous prendrions en quelque sorte l'engagement de n'admettre dans nos ateliers que des jeunes gens pouvant justifier qu'ils ont au moins une teinture du travail qu'ils sont appelés à faire.

Des ouvriers de la partie, nous n'en trouvons plus que difficilement. Cela passe encore pour les travaux secondaires : le premier maçon sans travail, serrurier sorti d'un atelier trop plein, ouvrier de fabrique en chômage qui se présente est admis dans nos laboratoires, pourvu qu'il puisse justifier d'un passé honorable ; il y apprend assez rapidement : mise en bouteilles, bouchage, capsulage, remplissage de futailles ; mais pour apprendre, il casse et gâche.

Si l'on monte plus haut dans l'échelle on a grand'peine à trouver, sans être obligé de le dresser soi-même, un ouvrier sachant proprement faire *monter* une bassine de sirop, l'écumer, la filtrer. Il faut payer l'apprentissage de cet ouvrier, par le gâchis des marchandises, en plus de son salaire journalier.

Qu'est-ce donc quand il faut monter plus haut encore et trouver un chef de laboratoire, sachant doser avec clairvoyance, fabriquer et vérifier les liqueurs à 20, 25, 30, 35 et 40° d'alcool, qui ne les laissera pas sortir de l'entrepôt avant de les avoir contrôlées lui-même, afin d'éviter procès et contraventions à son patron ; qui veillera à la cuite de ses sirops, échappant à la cristallisation par la trop grande cuisson ou à la fermentation par son défaut, qui saura diriger l'outillage si minutieux et si compliqué ? Le chef de laboratoire doit connaître aujourd'hui l'électricité, conduite d'un générateur, mise en marche d'une machine à vapeur, pompes à'air, filtres de toutes sortes, presses hydrauliques ; il doit pouvoir se rendre compte par où pèchent ces petites machines, les réparer au besoin, conduire son personnel, le tout sans parler du métier proprement dit, dont il a déjà été question.

Où se trouve-t-il et où se recrute-t-il ? Nulle part et partout. Il débute jeune dans de grandes ou petites maisons, il apprend peu à peu s'il est est intelligent et parvient, s'il a l'esprit d'ordre et du goût, qualités primordiales dans le métier de liquoriste.

C'est chez les droguistes de Paris qu'on le rencontre. Après avoir attendu longtemps, celui-ci vous envoie le premier venu, ce qu'il a sous la main, et il faut bien souvent changer de contre-maître, jusqu'à ce qu'on ait rencontré celui qui se rapproche le plus de la perfection. Tout cela est coûteux, préjudiciable, et n'est pas un des moindres soucis du liquoriste qui dirige une maison de quelque importance.

Le contre-maître ne fait pas de second, il croit que c'est une manière de conserver son prestige et son influence sur son personnel, il craint que sa situation n'en soit diminuée. Cela se conçoit, à la rigueur ; mais s'il vient à tomber malade, s'il s'établit lui-même, il faut cependant que la maison marche, et elle marchera quoi qu'il arrive, si le patron connaît par lui-même à fond toutes les parties du travail de son usine. Il serait appelé à disparaître ou à végéter, celui qui ne serait pas dans ces conditions ; ces qualités sont en tout cas indispensables pour faire une maison de premier ordre.

Les Allemands ont compris depuis longtemps tout le parti que, de ce côté ils pouvaient tirer des Syndicats et par tous les moyens ils ont encouragé la création de ces écoles professionnelles, dues à l'initiative privée et intéresser les ouvriers eux-mêmes à envisager l'avenir au double point de vue de leur intérêt social et de leur intérêt professionnel.

Ils ont même tourné cette difficulté qui nous gêne si fréquemment en France, du service militaire obligatoire de deux ans. Nos jeunes gens passent ainsi à la caserne deux belles années dont ils pourraient utiliser une partie après un séjour de 10 ou 12 mois sous les drapeaux à continuer leur apprentissage en France et le compléter à l'étranger, comme cela a lieu pour certaines catégories d'apprentis qui, en Allemagne, sont autorisés par congé régulier à voyager au dehors et rapporter chez eux plus tard le fruit de leurs études professionnelles et de leurs observations.

Quoi qu'il en soit, pour l'avenir de notre corporation en Allemagne, je répète que l'idéal serait une réunion de grands spécialistes français créant une vaste succursale à Luxembourg. On en trouverait facilement une douzaine, pouvant faire le sacrifice de quelques centaines de mille francs, lesquels auraient dans chaque grand centre, un bon agent général et sur toute l'Allemagne, une cinquantaine de voyageurs français parlant l'Allemand, convaincus et travailleurs. Sous le nom de *l'Union des Fabricants de Liqueurs — spécialités françaises*, cette association serait rapidement prospère et les voyageurs auraient vite fait de faire naître chez nos voisins le goût et l'usage de ces consommations, en réclamant eux-mêmes avec insistance dans tous les établissements publics, cafés, cercles, restaurants, les produits qu'ils auraient à vendre.

Ah ! les Allemands ne consomment ni Vermouth, ni Absinthe, ni Curaçao, ni Menthe, ni Anisette, etc. ? Avant qu'il se soit écoulé cinq années, ces produits français seraient sur toutes les tables ; ainsi nous leur aurions prouvé, pour notre plus grand profit, que, s'ils pénètrent en France et nous inondent de certains produits, nous savons, quand nous le voulons, obtenir le même résultat chez eux. Ce serait une victoire pratique et une œuvre patriotique. C'est ce que j'ai tenté près de quelques maisons françaises. N'ayant pas réussi dans ces tentatives, j'ai dû renoncer à ma petite usine de Luxembourg et la liquider, en subissant une perte matérielle assez importante. Mais l'idée est à reprendre, et certes, les jeunes qui nous succéderont ne sauront y manquer.

*
* *

J'ai parlé de Hambourg, je dois faire connaître ce que j'ai vu dans cette ville, qui peut nous servir d'exemple et d'enseignement.

Hambourg est dans une situation exceptionnelle ; tout y est frappé au coin de l'utilité pratique et de l'agrément ; on y rencontre des comptoirs de tous les producteurs du monde. Ses rues, dans lesquelles on trouve une activité dévorante, sont sillonnées de tramways en quantité innombrable ; il faut entrer chez un commissonnaire de Hambourg pour se faire une idée des affaires qui se traitent sur cette place et voir la foule d'employés de bureaux, parlant et écrivant toutes les langues, qu'on y rencontre, chacun chargé d'une branche d'industrie, de l'exploitation d'un pays, connaissant toutes les lois des transactions avec toutes les puissances, les droits de douane, les formalités paperassières et administratives qu'il faut remplir dans chaque région.

Mais il y a surtout ce port, dans lequel on a su créer un port libre (Freihafen) ; ce port est en quelque sorte un point affranchi de tous droits au milieu de l'Allemagne. Les industriels de toutes nationalités peuvent y avoir des chais, des magasins ; ils reçoivent là leurs matières premières, ils y opèrent leurs mélanges et leurs transformations sans être soumis à autre chose qu'une réglementation intérieure et au paiement d'un loyer. Puis, ils partent de là dans toutes les directions, ce qui a fait du port de Hambourg une tête de ligne de navigation exceptionnelle. Certain confrère français, la Bénédictine, y a créé un entrepôt, où elle opère dans les conditions que j'ai indiquées ci-dessus.

J'ai encore vu à Hambourg une sorte de musée commercial, mais non pas le musée commercial comme nous l'avons vu chez nous, où tout est catalogué, emmagasiné sous vitrine, avec « défense de toucher », sous le contrôle et l'œil vigilant, mais souvent ignorant, d'un gardien à casquette galonnée ; ce genre a bien, il est vrai, son utilité au point de vue de l'instruction de l'enfance et de la jeunesse, mais il n'a pas le côté pratique de ce que l'on peut remarquer à Hambourg.

Un commerçant, une sorte de succédané de ces grandes maisons de commission dont j'ai parlé tout à l'heure, loue un vaste local en plein centre de Hambourg, il le fait construire au besoin, puis par ses relations personnelles, il se met en rapport avec tous les producteurs du monde, il reçoit là des échantillons variés ; l'entrée en est ouverte à tous et il est lui-même le vendeur et le directeur du musée en question. Les échantillons se renouvellent et l'on sent la vie et le mouvement dans cette sorte d'exposition perpétuelle.

Pour alimenter leurs affaires, les directeurs de ces musées détachent quelques-uns de leurs employés qui, quand un navire est signalé comme devant entrer dans le port, se font conduire à bord et sollicitent les ordres ou tout au moins la visite des passagers étrangers qui séjourneront à Hambourg. Ce musée nous a particulièrement frappés et nous y avons trouvé avec le plus grand plaisir, des produits français en belle place et en grande faveur parmi ceux des autres pays d'industrie, si je n'avais préféré la terre quasi française de Luxembourg, j'aurais choisi Hambourg pour y établir la succursale dont je parlais plus haut.

*
* *

Je me suis étendu sur les moyens de pénétrer en Allemagne un peu longuement, bien qu'il n'y ait pas lieu d'espérer, peut-être d'ici longtemps une exportation et des débouchés très sérieux de ce côté ; mais l'Allemagne, outre qu'il faut considérer comme une nécessité patriotique de faire des tentatives de ce côté, est, il faut s'en rendre compte, un pays neuf, où la population des grandes villes est considérable et où elle se mêle peu à peu à toutes les classes de la société, c'est-à-dire que peu à peu aussi, elle aura des besoins, et sentira la nécessité de se procurer toutes les améliorations matérielles de la vie.

ANGLETERRE

Deux maisons figuraient à Liège parmi les exposants de la classe 61. Toutes les deux présentaient des Wisky, parfaits paraît-il, mais dont nous ne savons apprécier les mérites, nos palais n'étant pas entraînés pour cela.

La consommation des liqueurs françaises à part celle de l'Anisette Marie-Brisard et de la Bénédictine, qui sont sur tous les marchés du monde, n'y est pas très active, car les Anglais préfèrent leur Wisky ou les fines eaux-de-vie de Cognac que nos amis des Charentes exportent en grande quantité chez eux. Les maisons Hennessy, Martell, Bisquit-Dubouché et Cⁱᵉ, J. Robin, etc... y font des affaires considérables.

Cependant ce commerce de Cognac a été alarmé, il y a deux ans, par une décision de l'Administration des Douanes qui interdit l'entrée à toutes les eaux de vie ne répondant aux exigences de la chimie anglaise, qui a cru trouver le moyen de déterminer la pureté des Eaux de vie de vin, en fixant le coéfficient d'impuretés qu'elles doivent contenir. Nous nous abstiendrons de juger cette méthode qui a soulevé et soulève en France, à propos de la loi des fraudes de très vives critiques ; cependant nous croyons qu'il est bien difficile de juger d'un Cognac par l'analyse.

Mais ceci nous fait sortir du cadre que nous nous sommes tracé ; nous revenons donc aux liqueurs françaises et aux moyen d'assurer leur pénétration en Angleterre.

Nous avons parlé dans les chapitres précédents :

1° De la fabrication dans le pays lui-même,

2° De la mise en bouteilles des liqueurs expédiées en fûts

Mais nous ne pensons pas qu'il y ait intérêt à pratiquer ainsi dans le Royaume-Uni en raison du peu de consommation qu'il nous assure. Les bénéfices qui résulteraient de ces systèmes ne devant pas compenser suffisamment les frais généraux.

Il reste donc le moyen ordinaire, c'est à dire la vente à la clientèle au moyen d'agents et l'expédition de la liqueur en caisses, directement du laboratoire.

Il est facile de trouver en Angleterre des agents actifs et sérieux, ne craignant ni leur temps, ni leur peine, ni même leur argent, quand ils ont confiance dans le succès final.

Les relations y sont toujours agréables, et la plus scrupuleuse loyauté préside aux transactions.

Les moyens de transport sont faciles, soit par Calais, Dieppe, Le Hâvre, Saint-Malo, Saint-Nazaire, Bordeaux, et partant le fret en est très réduit.

Quant aux droits de douane ils sont de :

    554,52   par hectolitre d'alcool pur   en fûts.
    602,40   —   —   en bouteilles.

Le prix total vendu à la consommation, pourra donc s'établir à peu près dans les conditions suivantes, pour un litre de liqueur à 40 degrés :

Prix initial chez le producteur, le flacon-litre, soit.	3 fr. »
Transport et opérations de douane................	0 fr. 25
Douane	2 fr. 40
Bénéfice des intermédiaires.....................	3 fr. »
Soit.............................	8 fr. 65

Ce n'est pas exagéré et si nous pouvions habituer le palais de nos bons amis de l'entente cordiale à réclamer plus souvent nos excellentes liqueurs françaises, nous serions assurés d'obtenir de brillants résultats dans leur grand pays.

Souhaitons le et travaillons sans relâche pour atteindre ce but.

Pour cela il faut beaucoup de publicité car l'Angleterre, comme l'Amérique est un pays ou la réclame règne en maîtresse souveraine.

Toutes les publications sont encombrées par les clichés les plus divers, les murs sont recouverts jusqu'à des hauteurs extraordinaires d'affiches souvent très réussies et fort originales, les hommes sandwichs sillonnent les rues, souvent bizarrement accoutrés, les moyens les plus ingénieux sont employés pour attirer et retenir l'attention ; il est donc difficile de faire cette publicité nécessaire, mais ne nous décourageons pas, redoublons d'efforts et certainement nous obtiendrons un résultat.

L'intérêt qui s'attache à faire pénétrer la consommation des liqueurs en Angleterre est d'autant plus important, que ce pays comme la Hollande et davantage même, possède des colonies extrêmement florissantes.

Les négociants de ces colonies viennent fréquemment à Londres, et rapportent dans leur pays les usages de la Métropole, les nouvelles modes et les habitudes.

Mais il difficile d'assurer la protection de sa marque dans cet énorme empire.

Sans compter l'Administration anglaise qui est très difficultueuse pour accepter l'enregistrement d'une marque et à laquelle il faut fournir les indications les plus diverses... certificats au sujet des médailles obtenues, explication des dessins ou armoiries etc..., il faut encore faire un dépôt pour chacune des colonies qui composent cet empire.

Cela représente une somme de 1500 à 2000 francs.

On comprendra que beaucoup de maisons hésitent à s'imposer ce sacrifice, nécessaire cependant quand on veut assurer la défense de sa propriété.

AUTRICHE-HONGRIE

Ce grand et beau pays qui consomme les liqueurs françaises, en grandes quantités, fabrique aussi d'excellents produit, ainsi que nous avons pu en juger à Liège, par les huit maisons qui avaient répondu à l'appel de nos amis, et qui exposaient des Eaux de vie de grains, très bien rectifiées, Amer et liqueur stomachique, Vermouth, Genièvre, les liqueurs végétales, aromatiques, le Maraquin de Zara qui a eu autrefois une grande réputation, et que tout le monde connaît avec ses bouteilles de forme spéciale, enveloppées dans un clissage de raphia.

L'exportation des liqueurs françaises dans ce pays est très active, mais elle va cependant être rendue plus difficile par le nouveau tarif douanier qui frappera très durement nos produits.

Il sera facile de s'en rendre compte par le tableau suivant :

LIQUEURS & SPIRITUEUX DISTILLÉS	ANCIEN TARIF	NOUVEAU TARIF
(A) COGNACS..........................	150 Kr	200 Kr
(B) LIQUEURS, ESSENCES de punch et autres liquides spiritueux distillés, additionnés de sucre ou d'autres matières, eaux-de-vie de France	150 Kr	170 Kr
c) ARACK, RHUM....................	150 Kr	145 Kr
(D) AUTRES LIQUIDES SPIRITUEUX DISTILLÈS	110 Kr	110 Kr

Plus un droit de consommation ou de monopole qui était autrefois de 110 couronnes par 100 litres à 100 degrés, et qui n'est pas encore déterminé actuellement, mais qui ne sera certainement pas inférieur.

Il est vrai de dire que maintenant le droit n'est plus calculé sur le poids brut des envois ; la douane Autrichienne a fixé une réfaction sur les emballages, comme suit :

      6 °/° pour les doubles fûts ;
     10 °/° pour les paniers ;
     18 °/° pour les caisses.

pour ces dernières cela ramène le poids des flacons de liqueur :
(1 litre) à environ 2 kgs

    Ce flacon paiera donc à raison de 170 Couronnes pour les 100 kgs :
      3,40 kr. ou environ, francs :   3,70
      Plus le droit de consommation environ : 1,25

En raison de la consommation importante que nous avons constatée, nous conseillons aux distillateurs français qui veulent faire des affaires dans ce pays, d'y établir des succursales, soit pour la mise en flacons de leur liqueur soit pour sa fabrication, par le mélange de l'alcoolat et du sucre, comme nous avons indiqué au chapitre de Luxembourg ; — ce sera un sacrifice d'argent et peut-être végétera-t-on pendant des années, mais peu à peu, si l'élan est maintenu, le succès répondra aux efforts, et dédommagera amplement des sacrifices faits. C'est ce qui s'est produit pour votre rapporteur, qui est heureux de constater chaque jour les progrès que fait sa petite Succursale, installée depuis le mois d'août dernier, sous la direction d'un jeune Français, connaissant l'Allemand et formé à la maison Mère.

Nous avons vu avec un certain étonnement dans nos voyages à Vienne, un pays comme le Danemark vendre en Autriche-Hongrie, par grandes quantités, un produit : le « CHERRY HERRING » excellent évidemment et très bien fabriqué ; mais connaissant la finesse et la supériorité de nos cerises de l'Anjou, nous espérons faire admettre dans la consommation un Cherry français qui pourra lutter avec avantage contre cette marque cependant si appréciée. Il y a là un effort à produire. La lutte sera chaude, mais nous espérons obtenir la victoire.

BULGARIE

Ce pays était largement représenté à l'exposition de Liège et le groupe X comprenait 46 négociants qui avaient exposé des eaux-de-vie, des cognacs, quelques-uns, des vermouths et eaux-de-vie de prunes, enfin la liqueur nationale appelée « MASTU » et des alcools neutres.

Nous ne nous étendrons pas sur ce pays, car les productions de ses distillateurs ne peuvent en rien être comparées à ce qui se fait en France, et nous remarquons chez nous, que déjà les pays Bulgares commencent à demander les produits français, depuis l'Exposition de Liège, où ils ont pu se convaincre de leur supériorité.

Le système à employer pour faire pénétrer les liqueurs françaises doit être le plus simple, agent monopoliste et acheteur ferme autant que possible, car il est difficile de surveiller ses intérêts dans ce pays si éloigné.

Les droits de douane pour ce pays sont établis à raison de 18 0/0, sans que la taxe puisse être inférieure à 45 fr. l'hecto pour les liqueurs pesant au moins 40 degrés :

Le prix total vendu à la consommation pourra donc s'établir à peu près de la façon suivante, pour un litre de liqueur à 40 degrés :

Prix initial chez le producteur, le flacon-litre......	3 fr. »
Transport et opérations de douane................	1 fr. »
Douane	0 fr. 54
Bénéfice des intermédiaires......................	3 fr. »
Soit	7 fr. 54

Les affaires sont donc possibles si nos produits peuvent s'imposer à la consommation et ils y réussiront avec de la volonté et de la ténacité.

CHINE

L'industrie privée de l'immense empire jaune n'était pas représentée individuellement à Liège. Les Gouvernements des différentes provinces avaient envoyé des collections fort intéressantes souvent et très admirées.

Peu de produits cependant pourraient être cités dans notre rapport, car ils ne constituent pas des liqueurs à proprement parler.

Le gouvernement de Canton avait envoyé quelques échantillons de vins de « Samchou » au bouquet de prunes vertes, de citron, de poires, d'oranges, de roses, de bananes, de coings, de Keu Yin Fa, de Lan Fa, de Man Chi Kwo, de Kam Kwat.

Ce vin est obtenu par la fermentation du riz et assaisonné au moyen de différentes essences, dont les principales sont indiquées ci-dessus.

Les gouvernements de Cheoffo, de Hankow, de Newchwang, de

Shanghaï, (42 sortes), de Tientsin (20 sortes) avaient également envoyé quelques spécimens de ce produit National.

Il ne semble pas que la consommation des liqueurs en Chine soit appréciable et puisse tenter l'exportateur, d'autant plus que le transport en est très coûteux, et qu'il est bien difficile de surveiller ses intérêts dans ce pays secoué souvent par des mouvements populaires violents, la plupart du temps dirigés contre les étrangers.

Dans ce pays encore nous n'avons pas pu pénétrer ; mais cependant nous croyons que certaines maisons françaises, la grande maison Cusenier entr'autres, y expédient quelques chargements. Là, plus encore que dans les pays lointains de l'Europe, il faut s'entourer d'agents sérieux pour ne pas s'exposer à des surprises désagréables.

ETATS-UNIS

Plusieurs firmes avaient répondu à l'appel de la Belgique et nous montraient des vins mousseux, des Vermouths, des Wisky surtout, parfaitement distillés, des Coktails, etc.

Nous avons souvent fait des comparaisons en dégustant l'eau-de-vie chère aux palais Anglais et Américains, comparaisons avec nos eaux-de-vie françaises, soit des Charentes, d'Armagnac, de Bourgogne, et toujours notre préférence a été sans partage aux merveilleux produits de notre vieux sol Français. Il y a encore et quoiqu'on dise de beaux jours pour eux, même en Angleterre, même en Amérique, malgré le Wisky National.

Des grandes maisons françaises sont déjà introduites aux Etats-Unis, notamment la maison Cusenier qui a installé une succursale, dont les résultats semblent conformes aux espérances qui ont fait décider sa création.

C'est bien là le vrai moyen — avec la grande et coûteuse publicité qui ne se fait qu'en Amérique — de faire pénétrer ses produits dans ce grand pays d'avenir ; mais il faut disposer de beaucoup de capitaux pour cela, car tout coûte très cher aux Etats-Unis.

Nous pensons donc qu'il est préférable, tout au moins pour débuter, de chercher à pénétrer au moyen de représentants monopolistes. Là, comme en Angleterre, on trouve des maisons de commissions très importantes qui n'hésitent pas à s'occuper d'une affaire et à s'imposer des frais si elles ont confiance dans son succès, prenant à leur charge les droits de douane très élevés cependant, ainsi qu'on pourra en juger par le tableau suivant :

Prenant toujours pour exemple un litre de liqueur fabriquée en France, nous obtenons le résultat suivant :

Prix initial chez le producteur, le flacon litre...... 3 fr. »
Transport et opérations de douane.............. 1 fr. »
Douane ....,.......... 3 fr. »
Bénéfice des intermédiaires..................... 3 fr. »
____
10 fr. »

Il faut ajouter que l'Administration des douanes aux Etats-Unis est très difficultueuse, notamment pour les colorants, qui entrent dans la composition des liqueurs, refusant impitoyablement tout ce qui n'est pas colorant végétal, même serait-il prouvé que le produit employé est absolument inoffensif, et accepté en France ou dans les autres pays.

Elle veut bien consentir à laisser entrer ces produits ; mais alors elle exige qu'ils soient revêtus d'une étiquette portant la mention très apparente de « Artificially Colorated » : mais c'est alors jeter la défaveur sur le produit et assurer son échec, il est donc inutile de s'y arrêter.

Il faut donc se conformer strictement aux exigences de l'Administration Américaine, et bien se garder des fausses déclarations, car on s'expose à une amende considérable et de plus, à la confiscation de la marchandise.

Malgré tout cela, on peut espérer voir le commerce d'exportation de nos bonnes liqueurs françaises, se développer rapidement dans ce grand pays, où les relations commerciales sont si agréables.

Les maisons Marie Brizard et Roger, la Bénédictine, la Gauloise, Rocher frères, y sont déjà très connues et le Triple-Sec Cointreau est quelquefois demandé dans les grands établissements de New-York.

*
* *

A part le Canada, et la République Dominicaine, dont nous parlons plus loin, nous n'avons pas remarqué de produits Américains à l'Exposition de Liège. Nous n'en parlerons donc pas, quoique cependant il existe au Mexique, au Nicaragua, au Vénézuéla, à Cuba, au Brésil, etc. quelques distilleries dont il serait intéressant d'étudier la marche et la façon de travailler, depuis qu'elles se sont révélées à nous en 1904, à l'Exposition de Saint-Louis. Peut-être, les verrons-nous à Milan et alors nous pourrons noter nos impressions.

GRÈCE

Quatorze maisons exposaient des eaux-de-vie et liqueurs.

Rien de remarquable : ce pays, comme tous les pays orientaux et chauds, ne paraît avoir besoin de nos produits, et il n'est pas utile de s'imposer d'autres sacrifices que celui d'un agent actif et bien placé pour approvisionner les établissements qui reçoivent surtout les nombreux touristes, qui visitent ce pays si riche en souvenirs des temps disparus.

ITALIE

L'Italie est la patrie des Vermouths et c'est en Italie, dit-on, que naquit l'industrie du liquoriste.

Elle ne l'a pas prouvé à Liège cependant, et nous sommes surpris de voir que ce pays, si favorisé par sa situation et les merveilleux fruits qui poussent sous son ciel radieux, n'ait pas su se créer une grande place dans notre industrie et ne produise aucune liqueur pouvant être classée dans la catégorie des grandes liqueurs consacrées.

A part ses vins merveilleux, qui étaient présentés par 17 maisons, l'Italie n'avait que 5 firmes dans la classe 61 — Vermouth Torino, Cognac Italien, liqueurs, quelques vins apéritifs, ceci nous surprend d'autant plus que nous avions admiré à Paris en 1900, la superbe et imposante Exposition des Liquoristes Italiens, dont quelques stands avaient été fort remarqués pour le goût et la richesse de leur installation.

Nous ne nous attarderons cependant pas à en rechercher les causes. Peut-être les distillateurs Italiens n'ont-ils pas jugé à propos de répondre plus nombreux à l'invitation de la Belgique, parce que ce pays ne consomme pas leurs liqueurs.

Les produits français sont consommés en Italie, mais là comme partout, ils sont grevés de droits de douane très importants, et ne peuvent être achetés que par la clientèle riche.

Les droits sont en effet de : pour la douane, 0 fr. 60 ; pour la régie, 1 fr. 26, et portent le prix de revient d'un litre de liqueur coûtant 3 fr. chez le producteur, à 4 fr. 86.

La douane italienne est très difficultueuse également et fait payer les droits sur les flacons réduits de 4 ou 5 centilitres envoyés à titre d'échantillons, comme s'ils contenaient un demi-litre ; également sur le carton qui sert à envelopper les tableaux-réclame, etc., etc.

Ce pays va présenter un intérêt cependant plus grand pour nous, à cause de l'Exposition de Milan qui se prépare, et qui paraît appelée au plus grand retentissement. Nous pourrons en retirer, espérons-nous, les meilleurs enseignements pour y faire pénétrer nos produits et étudier encore plus directement les goûts de ses habitants.

En Italie comme en Angleterre, nous conseillons de traiter des affaires par l'intermédiaire d'agents sérieux et connus, que l'on trouve assez aisément dans toutes les grandes villes, Gênes, Milan, Florence, Rome, etc.... Nous n'avons eu pour notre part qu'à nous louer des relations que nous entretenons avec les correspondants que nous avons depuis quelques années dans ce beau pays.

JAPON

Ce pays, hier encore ignoré, s'est révélé au vieux monde d'une façon très impressionnante, au cours des événements tragiques qui ont marqué l'année 1904, présents à la mémoire de tous.

A part sa boisson favorite et nationale le « Saké », le Japon ne semble pas encore s'être laissé tenter par la consommation des liqueurs. Il y a là cependant un terrain d'études très intéressant à explorer pour les jeunes et les audacieux qui pourraient bien voir leurs efforts couronnés de succès.

Déjà quelques demandes de tarifs et d'échantillons parviennent aux Maisons françaises dont les produits sont les plus en vue. Espérons que ces premiers échanges seront le début d'affaires suivies et importantes dans l'avenir.

NORWÈGE

Comme tous les pays froids, la Norwège est un excellent pays pour la vente des Eaux-de-vie de Cognac ; mais elle n'achète que peu de liqueurs.

Deux firmes exposaient à Liège de l' « ACQUAVIT », du punch, qui se consomme beaucoup chaud et du bitter.

Les droits sont là aussi très élevés sur les liqueurs, trop élevés pour pouvoir nous laisser espérer un débouché important.

De plus une législation difficultueuse même pour ses nationaux gêne considérablement le commerce des liquides qui est réglementé à outrance. Seuls les établissements autorisés nommés « SAMLAKS » ont le droit de vente et ils sont soumis à une surveillance rigoureuse, de la part des Agents du gouvernement dont la consigne est de combattre la consommation des boissons alcooliques.

Il ne faut donc pas s'imposer de gros sacrifices pour faire pénétrer nos produits et se contenter d'agents sérieux et bien placés auprès des fameux « SAMLAKS » dont nous parlions plus haut.

Section Ottomane

Trois firmes exposaient des eaux-de vie de « DOUZICO » et cognac, des sirops divers et iodo tanniques.

Peu ou pas de consommation de liqueurs dans les pays mahométans, très fermés comme l'on sait et réfractaires par religion à la consommation des alcools, dont le besoin ne se fait nullement sentir sous les climats chauds qu'ils occupent. Cependant nous n'avons pas remarqué dans ces expositions de Maison turques, les mêmes imitations éhontées que nous avions pu constater en 1897 à Bruxelles — KARTREUSE — — BENEDICTINE ! — etc... Le refus que nous avions fait à cette époque de classer ces produits aura sans doute porté ses fruits.

PERSE

Une maison seulement exposait des sirops pour limonades, produit sans importance — et qui ne nous paraissait pas vraiment de provenance persane garantie. Du reste si les sirops et limonades peuvent être intéressant dans ce pays, il ne nous a pas paru que les liqueurs aient encore pénétré dans la consommation courante.

République Dominicaine

Les Rhums sont la production principale de ce pays, dont l'Exposition a été très remarquée.

Cinq firmes avaient envoyé leurs meilleurs produits et nous avons eu le plaisir de déguster des rhums supérieurs et des liqueurs à base d'eau-de-vie de canne très agréables.

La consommation des liqueurs françaises est peu active dans ce pays, et pour cause... il faut payer des frais de transport énormes pour rendre nos produits à Saint-Domingue ou Santiago.

RUSSIE

Malgré les événements tragiques qui ont marqué la vie de ce grand empire, pendant ces dernières années, les Négociants et industriels étaient venus en grand nombre à l'Exposition de Liège et leurs stands ont été très visités.

L'alimentation comprenait des expositions remarquables pour les sucres, les grains et les farines, les biscuits, pâtisseries, conserves de viandes et de volailles, compotes, thés, vins de Crimée ; mais deux maisons seulement avaient exposé de l'alcool brut et rectifié et du « Cognac ». Une firme seulement présentait des liqueurs russes sans grand caractère, nous devons le reconnaître, et du Kummel de Riga, liqueur très caractéristique et très connue ; mais dont la consommation tend plutôt à se ralentir.

C'est dire que les distillateurs français n'ont pas à redouter la concurrence de leurs « amis et alliés », et c'est fort heureux, car la Russie est un grand pays de consommation, malgré cependant que la pénétration de nos produits soit rendue difficile par les exigences de la douane.

Il ne faut pas par exemple, depuis la nouvelle loi des douanes, que chaque bouteille de liqueur contienne plus d'un litre de liquide (à moins de la déclarer spécialement et de payer un tarif très élevé). L'Administration Russe comprend par contenance, la capacité *totale* du récipient *rempli jusque dans le haut du goulot*. Il devient donc tout à fait impossible d'expédier en Russie des flacons contenant un litre de liquide, plus le bouchon et le vide laissé dans toutes les bouteilles ou flacons renfermant de l'alcool ou des liqueurs, car dans ce cas l'expéditeur, s'il n'a fait une déclaration spéciale, s'expose à payer une amende égale à *deux cents pour cent* de la valeur des droits.

Il faut en outre indiquer sur les factures et les certificats d'origine, le poids net des flacons et le poids brut de la caisse, tout cela avec la plus grand précision — sous la menace — en cas d'erreur, de se voir encore infliger une nouvelle amende de *deux cents pour cent*.

Ce sont là, on en conviendra, des menaces bien impressionnantes. Espérons que l'esprit avec lequel seront appliqués les réglements, en modifieront un peu la rigueur, mais cependant, il faudra apporter la plus grande attention pour ne pas encourir l'amende énorme indiquée, car il faut toujours compter avec l'employé qui veut faire du zèle.

Par contre, les droits ne seront plus perçus que sur le poids net du liquide et du verre, au lieu du poids brut de la caisse comme autrefois. Il en résultera une diminution sensible dont nos excellentes liqueurs françaises ne pourront que profiter.

Un flacon de liqueur contenant un litre (pas plus) et pesant environ 2 kilogrammes, paiera pour entrer en Russie :

10 roubles 40 par poud (16 kilogr. 380), soit 1 fr. 70 environ par kil., soit 3 fr. 40. (Précédemment, un litre de liqueur payait 5 fr. 50, c'est donc une économie sensible).

Si ce flacon contenait plus d'un litre et était déclaré tel, il devrait acquitter le droit spécial de 30 roubles par poud, soit *trois fois plus.* Il faut donc que l'exportateur s'organise pour éviter ce tarif prohibitif et cela lui est facile.

C'est donc une amélioration sur ce qui se passait précédemment ; espérons que ces tarifs seront maintenus, car on n'est jamais sûr de l'avenir avec des tarifs de douane insuffisamment établis et sujets à interprétation.

La pénétration des liqueurs françaises fait tous les jours des progrès et il est possible d'envisager l'installation d'une succursale dans ce grand empire, soit pour la fabrication — soit seulement pour la mise en flacons de la liqueur, qui serait expédiée en fût de France.

Cependant la classe riche, qui seule peut consommer nos liqueurs, n'hésite pas à payer le prix ; il serait donc parfaitement possible de faire des affaires suivies au moyen d'agents, qu'il est facile de rencontrer, et avec lesquels les relations sont très agréables.

SERBIE

La Serbie avait exposé des eaux-de-vie de Prunes, des eaux-de-vie de Marc, de Genièvre, etc. Rien à signaler, pays de petite consommation pour nos liqueurs.

Ne traiter qu'avec des agents monopolistes et acheteurs fermes, si possible.

SUÈDE

La Suède, comme sa sœur la Norwège, ne nous a montré à l'Exposition de Liège, que du punch national, présenté par une seule maison. Mêmes observations que pour la Norwège en ce qui concerne la pénétration des liqueurs françaises. Nous savons cependant que certaines maisons françaises ont réussi à y pénétrer et, dans nos recherches, nous avons eu le plaisir de rencontrer les curaçaos de nos excellents amis Legouey et Delbergue, de Paris, d'où un grand espoir pour nous et un redoublement d'efforts pour faire admettre nos liqueurs sur les grandes tables suédoises.

SUISSE

Nos excellents voisins produisent des vins dont la saveur est toute particulière. Ces vins sont très agréables à boire et très frais au palais ; les principaux crûs sont : Neufchâtel, Lavaux, Vaudois, Molignon, Hermitage, Fendant, Valais, Rèze, Johannisberg, Malvoisie, etc. Les vins de Cortaillod font des vins mousseux appréciés et très goûtés.

Mais les liqueurs Suisses, qu'elles soient aux bourgeons de sapin ou aux plantes des Alpes, n'ont rien de bien remarquable et nous ne pensons pas que les distillateurs français aient lieu de craindre une concurrence appréciable de ce côté.

La Bénédictine y est demandée ; l'Anisette Marie-Brizard également et aussi quelques Curaçaos français..., le Guillot, le Triple-Sec Cointreau...., mais la consommation n'est pas suffisante à notre avis, pour motiver l'installation d'une succursale.

On devra se contenter d'un agent qu'il sera très facile de faire appuyer par un voyageur.

Les droits de douane en Suisse sont de 40 francs par 100 kilogr. brut pour net plus un droit de monopole de 80 fr. par 100 kilogs. Il est donc permis d'espérer que dans un avenir rapproché, nous pourrons traiter avec nos voisins des affaires suivies et peut-être importantes.

ESPAGNE

L'Espagne présentait ses vins fins et ordinaires que tout le monde connaît, mais pas de liqueurs.

Nos voisins en effet, ne fabriquent pas ou presque pas de liqueurs, qu'ils ne consomment que très peu du reste, à part l'Anisado (eau-de-vie parfumée à l'anis), plutôt eau-de-vie que liqueur.

Le distillateur français ne doit donc pas faire de sacrifices pour pénétrer dans ce pays, ou y établir des succursales, car le produit de ses ventes ne le dédommagerait pas de ses efforts.

L'Espagnol boit ses vins merveilleux..... ou de l'eau.

De bons agents suffisent pour le moment, soit à Madrid, Barcelone, Valence, etc.

PORTUGAL

Nous n'avons vu que des vins de Porto dans les produits exposés par les deux firmes qui figuraient dans le groupe X, et il nous faut dire pour le Portugal, ce que nous venons d'écrire pour l'Espagne. Ce pays n'offre que peu ou point de ressources pour la consommation des liqueurs françaises.

JURY

Nous avons dit dans notre exposé du début, que nous prendrions la liberté d'émettre quelques idées au sujet des Jurys, de leur fonctionnement, de leurs conclusions.

En effet, le seul point inquiétant peut-être, nous l'avons pu constater, à propos des différentes Expositions, auxquelles nous avons assisté, c'est que le rôle des Jurys deviendra de plus en plus délicat, de plus en plus difficile. C'est une nécessité, pour les industriels qui ne veulent pas se faire oublier et qui veulent continuer leur marche en avant, de prendre part aux expositions. Or, il arrive qu'ayant obtenu des récompenses en grand nombre et qu'étant arrivés au plus hautes, ils ne consentent plus à y figurer qu'avec l'assurance d'être classés Hors Concours et la facilité d'indiquer sur leurs papiers de commerce que cette mention équivaut à la plus haute récompense. Mais les réglements prescrivent tous qu'aucun exposant ne pourra se soustraire à l'examen des jurys ; les grands industriels diplômés, n'ont donc plus qu'un but, en allant aux expositions, celui d'être désignés pour en faire partie, Ils deviendront, par la suite, si nombreux, que satisfaction ne pourra certainement pas être donnée à tous.

C'est un grand honneur, il est vrai, d'être jugé digne d'examiner et récompenser les confrères, mais c'est un honneur périlleux, car la conscience du juge est souvent mise à l'épreuve, et il n'est pas bien certain personnellement d'être à l'abri des mécontentements et des réclamations. Puis, comment faut-il comprendre ce mandat ? Les maisons anciennes, les maisons nouvelles, les maisons très importantes, les maisons de second ordre concourrent ensemble, quelle que soit la valeur du produit exposé.

Est-il logique, est-il raisonnable de ne point tenir compte des anciennes récompenses et le jury doit-il faire franchir dès la première exposition tous les degrés de l'échelle des diplômes ? Il y a là une inquiétude sérieuse pour les jurys de l'avenir.

Votre rapporteur pourrait peut-être donner des indications sur lesquelles, il a pu méditer et réfléchir :

1° Diplômes de récompenses :

Autrefois, dans les premières expositions, aussi bien universelles que régionales, les récompenses sous forme de médailles, étaient données en nature, et c'était vraiment un grand honneur et une grande difficulté, que d'obtenir une médaille d'or, une médaille de vermeil et même une médaille d'argent.

Comme les Jurys n'avaient à leur disposition qu'un nombre limité de chacune de ces médailles, c'était presque par un concours que le lauréat l'obtenait.

Depuis, par raison d'économie peut-être, par d'autres motifs que j'ignore, les Jurys n'ont plus eu à distribuer de récompenses en métal, mais bien des diplômes de médaille d'or, de vermeil, d'argent, etc.

Il s'en est suivi une facilité bien plus grande pour les accorder, et peut-être comme conséquence, un examen moins attentif des produits exposés.

Il y a ceci en plus, qui pourrait peut-être bien produire une déchéance des expositions. Les exposants individuels disposés à dépenser 1.000 ou 1.500 francs et même plus, sont devenus plus rares ; ils ont constitué des collectivités d'exposants et tel industriel de la partie des liqueurs, qui n'a point voulu faire de frais, s'est contenté d'envoyer quelques fioles et de faire partie d'une collectivité. Qu'est-il arrivé ?

Pour les Jurys, la collectivité ne présente pas le même intérêt que l'exposant individuel, il faut bien le reconnaître. On a eu peine à déguster *tous* les produits successivement de la collectivité. Quelques grosses maisons qui y avaient pris part, ont fait pencher la balance du côté de la grande récompense, c'est-à-dire le grand prix, et tous les membres exposant dans la collectivité bénéficieront de cette grande récompense *collective*, alors que certainement bon nombre d'entre eux dégustés isolément n'auraient été jugés dignes que d'une récompense moindre.

Votre rapporteur sait bien que le participant d'une collectivité est obligé d'indiquer, sur ses étiquettes et papier de commerce, que c'est *comme participant à la collectivité*, qu'il a obtenu son Grand Prix ; mais de cette règle à la pratique, il y a quelquefois loin.

Les expositions perdront ainsi, au point de vue récompense, une grande partie de leur intérêt. Il faudrait avoir le courage de revenir en arrière, de rétablir les récompenses métal, d'exiger les expositions individuelles, de créer des classifications comme celles qui sont faites dans les concours de musique par exemple, et de dire :

Dans toutes les Expositions Universelles et Internationales, les Industriels exposant pour la première fois, seront concurrents pour la médaille de bronze ; s'ils l'obtiennent, ils seront admis avec la mention de prix ascendant, c'est-à-dire concurrents avec tous les industriels de leur catégorie, pour la médaille d'argent... et ainsi de suite jusqu'au Grand Prix, également représenté par une médaille en or, d'un plus grand modèle.

Après quoi, les Industriels qui auraient franchi toutes les étapes, seraient dans toutes les Expositions Internationales, Universelles, de droit Hors Concours et facultativement Membres du Jury.

Telles sont dans les grandes lignes, les idées qui nous ont été suggérées par l'examen, non seulement de l'Exposition de Bruxelles 1897, de Paris 1900, mais surtout par notre dernière Exposition de Liège 1905.

. Je les livre pour ce qu'elles valent aux organisateurs de nos grandes Expositions ; je crois que s'ils les adoptent et les mettent en pratique, ils rendront un véritable service aux exposants dignes de ce nom, et à nos industriels, qui véritablement veulent voir et faire constater la marche ascendante de leur maison.

Des étiquettes spéciales, d'un format imposé, indiqueraient sur chaque bouteille les récompenses ainsi obtenues dans les grandes expositions ; nous n'aurions plus ainsi à nous heurter à tous ces concours imaginés par les Expositions *à côté* des grandes Expositions Universelles, et dans la même année, dont nous avons vu trop souvent des concurrents se parer des récompenses illusoires.

RAPPORT

DE

M. A. Mandeix

L'effort considérable fait en 1904 par le Commerce et l'Industrie Français à l'Exposition Internationale de Saint-Louis, semblait devoir rendre impossible la réussite d'une Exposition nouvelle en 1905, d'autant qu'il fallait, pour assurer cette réussite obtenir le concours des mêmes personnalités qui venaient de faire leurs preuves dans la préparation et l'organisation de la grande manifestation Américaine.

Cependant, sur la demande du Comité Français des Expositions à l'Etranger, qui venait de désigner M. Pinard, comme Président de la Section Française ; sur les instances de M. Trouillot, Ministre du Commerce, qui avait délégué ses pouvoirs à M. Chapsal, nommé Commissaire Général, on se mit à l'œuvre sans hésiter. L'occasion était unique en effet, de montrer à la Belgique, à laquelle nous unissent tant de liens d'intérêt et d'amitié, que la France avait encore développé les branches de la production nationale qui lui valaient sa préférence, et aussi que son appel ne s'adressait pas à des cœurs ingrats.

Sans se leurrer sur les difficultés, mais avec la foi dans l'obtention du résultat par l'intensité du travail, dès le mois d'octobre 1904, on formait les Comités d'admission et d'installation. Celui de notre classe était ainsi composé :

EXPOSITION UNIVERSELLE & INTERNATIONALE DE LIÈGE 1905

Groupe X. — ALIMENTS

**Classe 61. — Sirops & Liqueurs. — Spiritueux divers.
Alcools d'industrie**

Président :

Galland Alexandre (Liqueurs), à Saint-Denis (Seine).

Vice-Présidents .

Aymard Jules (Liqueurs), à Lyon (Rhône).
Bardin Louis-Benoît (Liqueurs), à Paris.
Cointreau Edouard (Liqueurs), à Angers (Maine-et-Loire).
Colas Albert (Liqueurs), à Paris.
Mandeix (Rhums), au Havre (Seine-Inférieure).
Meyer Jeune (Alcools), à Coubert (Seine-et-Marne).
Pelletier Emile (Liqueurs), à Paris.
Requier Edouard (Liqueurs), à Périgueux (Dordogne).
Violet Lambert (Vins apéritifs), à Perpignan (Pyrénées-Orientales).

Secrétaires

Bertrand Alfred (Apéritifs), à Paris.
Brard Alfred (Kirchs), à Pontivy (Morbihan).
Collette René (Alcools), aux Moëres (Nord).
Coulon Charles (Rhums), au 'Havre (Seine-Inférieure).
Dubonnet Marius (Quinquina), à Paris.
Fourey Paul (Liqueurs), à Nangis (Seine-et-Marne).
Gagé Victor (Liqueurs), à Paris.

JULIEN V. (Liqueurs), à Lavaur (Tarn).
LAMIRAL Henri (Liqueurs), à Paris.
LEGOUEY Jules-Etienne (Liqueurs), à Paris.
LEMETAIS Em. (Liqueurs), à Fécamp (Seine-Inférieure).
MARNIER-LAPOSTOLLE (Liqueurs), à Nauphle-le-Château (S.-et-O.).
MAUPRIVEZ O. (Liqueurs), à Compiègne (Oise).
MOUCHOTTE O. (Liqueurs), à Saint-Mandé (Seine).
PAGÈS-RIBEYRE Victor (Liqueurs), au Puy (Haute-Loire).
PEUREUX Auguste (Kirschs), à Fougerolles (Haute-Saône).
PREMIER Fils (Absinthe), à Romans (Drôme).
QUERHOENT Joseph (de) (Rhums), au Havre (Seine-Inférieure).
RICQLÈS (de) (Alcool de Menthe), à Paris.
TAQUET Paul (Publiciste), à Paris.

Trésorier :

CLACQUESIN Paul (Liqueurs), à Paris.

Membres :

BERTRAND Louis-Victor (Liqueurs), à Constantine (Algérie).
BLANCHARD P. (Liqueurs), à Rochefort-sur-Mer (Charente-Inférieure).
BOURCIER Jules-Eugène (Liqueurs), à Ivry-Centre (Seine).
BOVERAT (Alcools), à Paris.
CAZALIS (Vermouths), à Cette (Hérault).
COULON Anatole (Rhums), au Havre Seine-Inférieure).
CRÉMONT-MOUQUET (Liqueurs), à Lille (Nord).
CUSENIER Charles (Liqueurs), à Paris.
DENUZIÈRE Ch. (Liqueurs), à Saint-Etienne (Loire).
DESGROUX-CHARNAY Georges (Liqueurs), à Montrouge (Seine).
FILLION (Liqueurs), à Lyon (Rhône).
GABOLDE-GET (Liqueurs), à Revel (Haute-Garonne).
GOYET Stéphane (Liqueurs), à Aurillac (Cantal).
GUÉRY F. (Liqueurs), à Angers (Maine-et-Loire).

Par circulaires, lettres, démarches, on parvenait à réunir, dès avant la fin de 1904, les adhésions de 286 exposants (dont 129 en collectivité) pour la France et ses colonies, parmi lesquels la plupart des sommités de la Distillerie Française. Le nombre total des exposants de tous les pays dans la classe 61 étant de 413, cela nous assurait la prépondérance non seulement au point de vue de la démonstration matérielle de notre importance, mais encore dans la composition du Jury des récompenses, nommé sur une base proportionnelle.

Les efforts des autres classes n'ayant pas été moindres que le nôtre, il arriva bientôt que, contrairement aux prévisions un peu pessimistes du début, l'espace concédé à la Section Française était devenu insuffisant. Après pourparlers entre MM. Chapsal, Pinard et le Président du Groupe X, M. Turpin, ce dernier consentit au nom de l'Alimentation Française, à installer son exposition dans un palais spécial à construire sur le quai Mativa, bordant une dérivation de l'Ourthe, et dont l'entrée devait se trouver en contre-bas d'un pont reliant le centre de l'Exposition au Parc, où s'édifiaient le palais des Beaux-Arts et divers pavillons coloniaux.

Grâce à l'expérience et au bon goût de l'architecte, M. de Montarnal, ce palais, dont la situation semi-aquatique prêtait d'abord à rire, devint un des plus originaux et des plus fréquentés de la grande foire Liégeoise.

La classe 61 en occupait la partie centrale sur une surface dépassant 500 mètres carrés.

Dans de fort jolies vitrines décorées avec goût, les produits de nos meilleures marques étaient ingénieusement présentés. Certaines firmes avaient consenti des frais considérables pour s'assurer des stands particuliers. Parmi les plus remarqués, il faut citer les maisons Cointreau, d'Angers ; Cusenier Fils Aîné, de Paris ; M. Dubonnet et Cie, de Paris ; Get Frères, de Revel ; de Ricqles et Cie, de Saint-Ouen ; Violet Frères, de Thuir. Pour être juste, il faudrait presque citer tous les noms, puisque sur 97 exposants individuels, 25 étaient hors concours et 65 ont obtenu des récompenses, d'ordre élevé pour la plupart.

Notre supériorité est d'ailleurs à ce point reconnue dans l'industrie de la distillation, que la plupart des autres pays ne cherchent pas à lutter avec nous dans cette classe. C'est tout au plus s'ils exposent quelques produits de leur consommation locale ou des spiritueux simples comme les Whiskies.

Il faut cependant excepter la *Belgique*, qui, à Liège, avait réalisé un effort remarquable pour mettre en valeur ses alcools neutres et ses genièvres, qui forment une branche considérable de son exportation.

Les Exposants Belges s'étaient réunis en collectivité. Leur exhibition se trouvait au centre du groupe de l'Alimentation Belge et représentait le Vieux Perron Liégeois, antique emblème des libertés communales, orné de bouteilles multicolores aux chatoyants reflets : gracieuse composition, due au sens artistique de M. l'architecte Jaspar et à l'ingéniosité du président de la Collectivité, M. Maréchal-Mercier.

Le nombre des exposants était de 93, dont 15 membres groupés représentaient la grande distillerie Belge d'alcool et genièvre, qui a obtenu un grand prix. A citer en outre, en première ligne, les maisons

Luc-Marcette, de Spa ; Masquelier, d'Anvers et Schmidt, de Bruxelles, d'ailleurs hors concours. Les autres exposants ont obtenu trois grands prix, quatre diplômes d'honneur, quatorze médailles d'or, seize médailles d'argent, quatre médailles de bronze et deux mentions. Les Exposants hors concours étaient au nombre de dix.

L'*Allemagne* n'était représentée que par deux firmes : la maison Schlichte, de Stainhagem, qui a obtenu un diplôme d'honneur pour des liqueurs et des genièvres aromatisés et la maison Marckx, de Francfort-sur-le-Mein, à laquelle on a décerné une médaille d'or pour du Kirsch de bonne qualité.

L'*Autriche-Hongrie* comptait huit exposants. A la maison Braun Frères, pour des liqueurs justement appréciées, a été décerné un diplôme d'honneur. Six médailles d'or et une médaille d'argent ont récompensé les autres.

Deux maisons de Whisky représentaient l'*Angleterre* : John Dewars and Sons ont vu leur réputation universelle consacrée par un grand prix ; Robert Forrest a reçu une médaille d'or.

Neuf exposants de *Bulgarie* présentaient dans leur pavillon national des liqueurs et eaux-de-vie. Un diplôme d'honneur, trois médailles d'or et quatre médailles d'argent ont été distribués dans cette section qui comptait un certain nombre de produits originaux et des alcools bien neutres.

Deux médailles d'argent ont été la part de l'*Espagne*, dont deux nationaux seulement se présentaient.

Les *Etats-Unis* commencent à s'imposer de grands sacrifices pour faire connaître leurs marques de Whiskies. Dix de leurs principales distilleries étaient représentées à Liège. Elles ont obtenu quatre grands prix, un diplôme d'honneur, quatre médailles d'or et une médaille de bronze. C'est un résultat inquiétant pour les Whiskies Anglais et aussi hélas ! pour nos belles eaux-de-vie, que ce produit inférieur tend de plus en plus à concurrencer dans les pays anglo-saxons.

La *Grèce*, pour onze exposants de spiritueux plutôt ordinaires, reçoit sept médailles : une d'or, trois d'argent et trois de bronze.

Sauf la maison Bellardi de Turin, qui avait une belle exposition de Vermouth, l'*Italie* était assez négligemment représentée. Heureusement pour les maisons exposantes que les produits valaient mieux que leur installation. Trois diplômes d'honneur, trois médailles d'or et deux médailles d'argent ont prouvé que le Jury, conscient de son devoir, ne s'attachait pas seulement aux apparences.

La froide *Norwège* a remporté un diplôme d'honneur, avec le Caloric-Punch de la maison Poulsen et Cie, de Christiania et une médaille d'or avec les produits de la Loeten Branderis Distillation.

Les *Pays-Bas* n'avaient que quatre représentants, mais sur ces quatre, deux d'une réputation universelle, Wijnand Focking et Hulskamp et Fils, d'ailleurs hors concours. Des genièvres et des alcools de bonne qualité ont valu des médailles d'argent aux deux autres.

La *Perse*, pour un sirop d'orange très pur, a obtenu une médaille d'or, décernée à son unique exposant.

Cinq Exposants de la *République Dominicaine* nous ont présenté des Rhums exquis et d'excellentes liqueurs. Un diplôme d'honneur, deux médailles d'or et deux médailles d'argent ont été le témoignage de la satisfaction des dégustateurs.

Un grand prix, une médaille d'or et une mention.... défavorable du Jury ont été la part de la *Russie* qui, intéressante pour ses liqueurs et ses eaux-de-vie, présentait malheureusement aussi des alcools bruts et rectifiés absolument inférieurs.

La *Serbie* avec des eaux-de-vie de prunes et des genièvres sans qualités très particulières, a obtenu huit médailles pour treize exposants soit trois d'or, deux d'argent et trois de bronze.

La *Suède* n'a pas voulu rester en arrière de sa demi-sœur la Norwège. Elle aussi fabrique d'excellent Caloric Punch. Un diplôme d'honneur est échu à ce seul spiritueux exposé.

La *Suisse* a remporté de fort belles récompenses : un diplôme d'honneur, trois médailles d'or et trois médailles d'argent pour d'excellentes absinthes, du kirsch irréprochable, des liqueurs et apéritifs de bonne qualité.

La *Turquie* enfin a reçu une médaille d'or et une médaille d'argent pour ses deux exposants.

On trouvera plus loin la liste des récompenses accordées à la *France* ; son importance lui mérite en effet une place à part et c'est pour la mieux faire ressortir que nous avons tenu à donner au préalable le détail des prix accordés aux exposants des autres puissances.

Faut-il dire que le Jury, remarquablement dirigé par son président M. Alexandre GALLAND a fonctionné avec méthode et jugé avec discernement ?

Les noms qui ornent la liste suivante rendent surérogatoire cette affirmation.

*
* *

Jury des Récompenses

de la Classe 61

Président : M. Alexandre GALLAND, à Saint-Denis (France).
Vice-Président : M. Emile SCHMIDT, à Bruxelles (Belgique).
Rapporteur Général : M. E. MASQUELIER, à Borgerhout (Belgique).
Rapporteur Général adjoint : M. Henri MARCETTE (Belgique).

France

Jurés Titulaires : MM. AYMARD, Jules, Distillateur, à Lyon (Rhône).
BERTRAND, à Paris.
COINTREAU, Edouard, Distillateur, à Angers.
COLAS, Albert, à Paris.
CUSENIER, Charles, à Paris.
MANDEIX, André, au Havre.
PEUREUX, Auguste, à Fougerolles.
REQUIER, Ed., à Périgueux.
TRILLES, à Perpignan.
Jurés Suppléants : MM. CAZALIS, Gaston, à Cette.
PEYRET, Jean, à Lyon.
PREMIER, Fils, à Romans.
MERIC, L., à Bordeaux.
VINCENT, A. V., à Grenoble.
VIOLET-LAMBERT, à Thuir.

Belgique

Jurés Titulaires : MM. VANDEN BUSSCHE, Ferdinand, à Anvers.
VAN ZUYLEN, Gustave, à Liège.
Jurés Suppléants : MM. COUMANS, Guillaume, à Liège.
NANDRIN, François, à Liège.

Etats-Unis

Juré Titulaire : M. HOCTOR, P.
Juré Suppléant : M. DODGE, C. R.

Italie

Juré Titulaire : M. SILVESTRI, Odoardo, à Rome.
Juré Suppléant : M. BOTTINI, à Liège.

Pays-Bas

Juré Titulaire : M. SCHMITZ, Jean, à Amsterdam (de la firme Focking).
Juré Suppléant : M. HOOGEWERGEN, à Rotterdam (de la firme Hulstkamp).

Turquie

Juré Titulaire : M. VAN DER CRUYGEN, à Bruxelles.

République Dominicaine

Juré Titulaire : M. ROSSAERT, Henri, à Willebroeck (Belgique).

Serbie

Juré Titulaire : M. D'OOGE, G., à Anvers.

La présidence revenant de droit à la nation la mieux représentée, c'est donc à la France qu'est échu cet honneur, en la personne de M. Alexandre Galland, à Saint-Denis (Seine).

Le jury, après avoir constitué son Bureau, a délibéré sous la présidence de M. Galland et a décidé qu'il y aurait lieu de demander à M. le Commissaire Général la nomination d'experts du Jury.

Cette demande eut pour effet la nomination comme experts du Jury, Pour la France de :

> MM. COLLETTE, aux Moères.
> COULON, Ch., au Havre.
> DUBONNET Fils, à Paris.
> GUÉRY, à Angers.
> LAMIRAL, à Paris.
> PELLETIER, à Paris.
> GABOLDE, à Revel.

Pour la Belgique :

> MM. BRIAS, à Bruxelles.
> DANSE, à Bruxelles.
> DESMAISONS, à Bruxelles.

Voici maintenant la liste des récompenses accordées à la France :

HORS CONCOURS

AYMARD, Jules, à Lyon Saint-Claire (Rhône). — Liqueurs, apéritifs, fruits.

CAZALIS et PRATS, à Cette (Hérault). — Vermouths et vins de liqueurs.

COINTREAU Fils, à Angers (Maine-et-Loire). — Liqueur Cointreau Triple-Sec, liqueurs.

COLAS, Albert, à Paris. — Monopole Quinquina Colas.

COLETTE, René, aux Moëres (Nord). — Alcools.

COULON, Charles et Frères, au Havre (Seine-Inférieure). — Rhums.

DUBONNET et Fils, à Paris. — Quinquina.

GALLAND, Alexandre B., à Saint-Denis (Seine). — Sève Normande, Ursuline, grandes liqueurs, Président du Jury.

GUÉRY et RAYER, à Angers (Maine-et-Loire). — Liqueurs diverses.

LAMIRAL, Henri, à Paris. — Apéritifs, liqueurs, fruits à l'eau-de-vie.

MÉRIC, L., aîné, à Bordeaux. — Rhum Saint-Georges.

OSCANLAN et MANDEIX, au Havre (Seine-Inférieure). — Rhums.

PELLETIER, Jules, à Paris. — Liqueurs.

PETIT, Paul, à Auxerre (Yonne). — Apéritifs et liqueurs.

PEUREUX, A., à Fougerolles (Haute-Saône). — Kirsch.

PEYRET Frères, à Lyon (Rhône). — Liqueurs diverses.

PREMIER, Fils, Charles-Henri et Cie, à Romans (Drôme). — Absinthe oxygénée.

REQUIER, Edouard, à Périgueux (Dordogne). — Liqueurs diverses.

Société Anonyme Distillerie E. CUSENIER Fils aîné et Cie, à Paris. — Apéritifs, liqueurs et spiritueux.

Société Anonyme de la DISTILLATION FRANÇAISE, à Paris. — « Amara Blanqui. » « Sar. »

Société des Etablissements RASPAIL, à Arcueil. — Liqueurs, quinquina.

Société « LE PIPPERMINT », à Revel (Haute-Garonne). — Pippermint, liqueurs diverses.

TRILLES et Fils, à Perpignan (Pyrénées-Orientales). — Banyuls Trilles.

VINCENT, A.-V., à Grenoble (Isère). — Vin tonique « Vita ».

VIOLET Frères, à Thuir (Pyrénées-Orientales). — « Byrrh ».

GRAND PRIX

BLANCHARD et Cie, à Rochefort-sur-Mer (Charente-Inférieure). — Liqueurs, apéritifs.

BOVERAT, M., à Paris. — Alcools.

BRARD-COCARY, Alfred, à Pontivy (Morbihan). — Kirsch, eau-de-vie de cidre.

CLACQUESIN, Paul-Victor, à Paris. — Apéritif Clacquesin.

Collectivité de la DISTILLATION DE FRANCE. — Liqueurs et apéritifs divers.

COULON, Anatole, à Bordeaux. — Rhums.

DUMAS, FILLION, Alexandre, à Lyon (Rhône). — Liqueurs, Elixir Gaulois.

FOUREY, Paul-Casimir, à Nangis (Seine-et-Marne). — Liqueurs.

GALLAND, Louis-Alexandre, La Grande Paroisse (Seine-et-Marne). — Vieille Eau-de-vie de Marc de Bourgogne.

LEGOUEY, DELBERGUE et GAGÉ, à Paris. — Liqueurs.

MARNIER LAPOSTOLLE, à Paris. — Liqueur «Grand Marnier».

MOINEAUX et BARDIN, à Paris. — Liqueurs, Fruits à l'eau-de-vie.

MOUCHOTTE & Fils, à Saint-Mandé (Seine). — Liqueurs.

QUERHOENT, Joseph (de), au Havre (Seine-Inférieure). — Rhums.

RICQLÈS & C° (de), à Saint-Ouen (Seine). — Alcool de Menthe.

DIPLOMES D'HONNEUR

BERTRAND, Julien, au Havre (Seine-Inférieure). — Rhums.

BERTRAND, Louis-Victor, à Constantine (Algérie). — Amer, Vermouth au Quinquina, Gentiane.

BONNET, Francisque, aux Aggeyres, près le Puy (Haute-Loire). — Prunelle, Verveine, Merise.

BOURCIER Frères, à Paris. — Liqueurs et Spiritueux, Fruits à l'eau-de-vie.

CHASTENET Frères, à Périgueux (Dordogne). — Rhums, Quinquina des Princes, Peppermint.

DELVAUX, A. A., à Neuilly-sur-Seine. — Rhums.

LEMETAIS, Emile, à Fécamp (Seine-Inférieure). — Liqueur « Klem ».

LILLET Frères, à Podensac (Gironde). — Quina Lillet.

MEYER, Emmanuel-Fabien, à Coubert (Seine-et-Marne). — Alcools.

PRIEUR & GALLOY, à Attigny (Ardennes). — Liqueurs diverses, Spiritueux.

ROSSIGNOL-LEFEBVRE, à Lille (Nord). — Genièvre de l'Etoile, Sirops.

SCHEIL, Louis, à Charleville (Ardennes). — « Framboise Ardennaise ».
Société Anonyme des LEVURES & ALCOOLS de GRAINS, à Roubaix (Nord).
   — Alcools.

MÉDAILLES D'OR

AVRIL, Frédéric, au Havre (Seine-Inférieure). — Rhums.
BACOT, Emile, à Toulouse. — Liqueurs, Absinthe, Rhum, Apéritif.
BARNAUD-BENNEJAN, à Bougie (Algérie). — Liqueur de Mandarine.
BLANCHET-CARON, à Beauvais (Oise). — Liqueurs, Apéritifs.
COMICE AGRICOLE de BONE, à Bône (Algérie) (Constantine). — Liqueurs
   diverses.
CREMONT-MOUQUET, F., à Lille (Nord). — Batistine, Absinthe, Liqueurs.
DENUZIERE, Charles, à Saint-Etienne (Loire). — Liqueurs diverses.
DESGROUX-CHARNAY, à Montrouge (Seine). — Liqueurs.
FOURNIER-DEMARS, à Saint-Amand-Montrond (Cher). — Liqueurs.
HÉROUARD, Henri, à Beauvais (Oise). — La « Flageotine ».
LIONNET, Charles-Eugène, au Havre (Seine-Inférieure). — Rhums.
MAUPRIVEZ-LEROY, Octave, à Compiègne (Oise). — Sirops et Liqueurs.
MULLER, Henri, à Vesoul (Haute-Saône). — Liqueurs.
PAGES-RIBEYRE, Victor, au Puy (Haute-Loire). — Prunelle, curaçao,
   Kummel.
QUENOT, Henri, et Cie, à Dijon (Côte-d'Or). — Prima Cassis et vieux
   Marc Charlemagne.
Société de SAINT-RAPHAEL QUINQUINA, à Paris. — Saint-Raphaël Quin-
   quina.
VOISIN, Mignon-Jean, à Marseillan (Hérault). — Apéritif Mignon.
VRIGNAUD Fils (le gendre de), à Luçon (Vendée). — Liqueurs variées.

MÉDAILLES D'ARGENT

BABLOT, Gabriel, à Toucy-Ville (Yonne). — Liqueurs la « Toucycoise »,
   Turquina apéritif.
BARDOUX, KELLER et PERRIN, à Sidi-Chani (Oran). — Liqueur de man-
   darine.
BOURBONNAIS, Gustave-François, à Marolles en Hurepoix (Seine-et-
   Oise). — Caramel.
BRISSOT, Paul-Charles-Eugène, à Provins (Seine-et-Marne). — Li-
   queurs.
CADIÈRE, A. Fils, à Bône (Constantine) (Algérie). — Liqueur de man-
   darine, amer et quinquina.
CHATEL, Maurice, au Havre (Seine-Inférieure). — Rhums.

DEBUISNE, G., à Fives-Lille (Nord). — Sirops et liqueurs, absinthe.

DORSEMAINE, Frédéric-Eugène, à Montfort-l'Amaury (Seine-et-Oise). — Liqueurs, spiritueux, quinquina.

FRITSCH DU VAL & C°, à Bordeaux (Gironde). — Liqueurs diverses.

JINOT, Joannès, aîné, à Saint-Etienne (Loire). — Juniperine et Goudron Jinot.

JULIEN, Victor, à Lavaur (Tarn). — Liqueurs.

FERRANTI et Cⁱᵉ, à Tonnens (Lot-et-Garonne). — Liqueurs, Quina.

PAIN G. et LECOQ, à Caen (Calvados). — Malakina.

ROUSSEAU, Henry, à Saint-Quentin (Aisne). — Eau-de-vie, liqueurs des Boyards.

SAURAND, Armand, à Louviers (Eure). — Liqueur du couvent de Sainte-Barbe.

SUBE, Ludovic, à Marseille (Bouches-du-Rhône). — Alcool.

VOISIN, Jean, à Marseillan (Hérault). — Apéritif, Colonial, Madorkina.

MÉDAILLES DE BRONZE

AUBERT, G. et Cⁱᵉ, à Germaines, par Auberine (Haute-Marne). — Liqueur l' « Annonciad ».

BOIVERT, Michel, à Saint-Aigulin (Charente-Inférieure). — Crème de Moka, Crème de Cacao.

BROUILLAUD, Sylvain, aîné, à Bordeaux (Gironde). — Liqueur d'Acoy.

DUBONNET Edouard et LABUSSIÈRE, à Montreuil-sous-Bois (Seine). — Quinquina.

LASSARAT, Henri, à Vernon (Eure). — Quinquina, Amer, Curaçao.

MALVOISIN, Henri, à Vittel (Vosges). — Kirsch des Vosges.

Société Anonyme VINS DES PONTIFES, à Paris. — Vin des Pontifes.

SOLÈRES, Benoît-Joseph, à Paris. — Quinquina du Chat-Noir et fruits à l'eau-de-vie.

TESTELIN-BRUGE, Auguste-Henri, à Haubourdin (Nord). — « Kina-Ky ».

MENTIONS HONORABLES

COUDRILLER, Félix, à la Ciotat (Bouches-du-Rhône). — Liqueurs diverses.

DECHAVANNE, Henri, à Paris. — Alcool.

Le tableau récapitulatif suivant permet d'apprécier d'un coup d'œil les résultats obtenus par les divers pays et la part prépondérante de la FRANCE.

PAYS	EXPOSANTS	Hors concours	Grands prix	Diplôme d'honneur	Médaille d'or	Médaille d'argent	Médaille de bronze	Mention honorable	TOTAL des Récompenses
ALLEMAGNE	2	»	-	1	1	»	»		2
ANGLETERRE	2	»	1	.	1	»	»	»	2
AUTRICHE – HON-GRIE	8	»	»	1	6	1	.	»	8
BELGIQUE	96	10	4	4	14	16	4	2	54
BULGARIE	2	-	»	»		2	»	»	2
ÉTAT-UNIS	10	.	4	1	4	»	1	.	10
FRANCE	226	25	15	13	19	16	10	2	100
GRÈCE	11	»	»	»	1	3	3	.	7
ITALIE	8	.	»	3	3	2	»	»	8
NORWÈGE	2	»	»	1	1	»	»	»	2
PAYS-BAS	4	2	»	»	»	2	»	»	4
PERSE	1	»	»	»	1	.	»	»	1
RÉPUBLIQUE-DO-MINICAINE	5	»	»	1	2	2	»	»	5
RUSSIE	3	»	1	»	1	»	.	.	2
SERBIE	13	»	»	.	3	2	3	.	8
SUÈDE	1	»	»	1	»	»	»	»	1
SUISSE	7	.	»	1	3	3	»	»	7
TURQUIE	3	»	»	»	1	1	.	.	2

L'effort de la France s'est donc traduit par un chiffre de 226 exposants sur un total de 453, soit 55 0/0 par rapport à tous les autres pays réunis, la Belgique venant au second rang avec 96 exposants, soit 23 0/0 ; les 17 autres nations loin derrière avec une proportionnalité infime, ne dépassant pas 3 0/0, pour la mieux représentée.

Toutefois, si notre France a jeté des semailles abondantes, la terre était féconde et la récolte a été belle : 70 0/0 des Hors Concours, 60 0/0 des Grands Prix, 46 0/0 des Diplômes d'Honneur, 30 0/0 des Médailles d'Or et d'Argent, 50 0/0 des Médailles de Bronze et, malgré la quasi neutralité d'une collectivité de 129 membres, 42 0/0 dans l'ensemble des récompenses.

Voici le résultat, il se suffit à lui-même.

Mais ce que les chiffres ne peuvent montrer, c'est l'ingéniosité, le luxe, la grâce de nos installations, et aussi la courtoisie de nos compatriotes s'attirant l'inaltérable amitié de nos hôtes.

La France, dans toutes les branches de son activité commerciale, industrielle et artistique, a triomphé à l'Exposition de Liège. Nous avons la fierté de penser que notre classe 61 a contribué largement, dans la sphère qui lui était dévolue, à ce grand succès national.

Vu : *Le Président,*   *Le Rapporteur,*

GALLAND.   A. MANDEIX.

ANGERS. — IMPRIMERIE GASTON PARÉ, RUE DU CORNET, 34

www.ingramcontent.com/pod-product-compliance
Ingram Content Group UK Ltd.
Pitfield, Milton Keynes, MK11 3LW, UK
UKHW021225140726
13695UKWH00002B/756